KB174780

지리 덕후가 떠먹여주는

풀코스
세계지리

개정판

지리 덕후가 떠먹여주는

풀코스
세계지리

서지선 지음

어른이를 위한
세계지도 읽고 여행하는 법

크력

세계지도를 읽는다는 것

"지리 시간은 너무 재미없어. 어려워."

"사회과부도 교과서는 대체 왜 주는 거야? 냄비 받침으로 쓰라고?"

아주 긴 시간 동안 꾸준하게, 세계지도 덕후의 마음을 후벼 파는 이야기를 들어 왔습니다. 지리가 너무 재미없다는 이야기였죠. 태어나서 한 번도 지리가 재미없 었던 적이 없는 저로서는 이해하기 힘들었습니다.

왜일까? 무엇이 문제일까? 곰곰이 생각해보았습니다. 어쩌면, 암기 위주의 교육 방식이 낳은 편견이 아니었을까요? 흥미도 없는 상태에서 지도를 던져주고 외우 라고 강요하니 재미가 있기 힘들겠지요. 그나마 강제로 공부를 하던 시기도 길지 않습니다. 수능을 위해 '세계지리'라는 과목을 선택하지 않는 한 말이죠. 즉 국민 의 대다수가 세계지리를 어려워한다는 이야기입니다.

다 큰 어른이 되어서 세계지리를 잘 알고 싶다고 생각해본들 이제 더는 공부할 기회도 없습니다. 뉴스에서 하는 말이 어디 얘기인지도 잘 모르겠고, 외국인을 만 나도 저 사람이 무슨 생각을 하는지 알 수가 없고, 여행지를 고를 때도 난감하기 만 하지요. 어디서 무식자 소리는 듣고 싶지 않아 공부 좀 해보려 하니, 수능을 위한 강의나 아동·청소년을 위한 교양서밖에 없습니다. 드디어 세계지리를 알아야 할 필요성을 느꼈는데, 정작 어른을 위한 콘텐츠가 없다니요!

그래서 직접 쓰기로 했습니다. 지구에 어떠한 자연경관이 있고, 어떠한 문화가 있고, 또 어떠한 사람이 사는지를, 공부한다는 압박 없이 흥미롭게 넘길 수 있는 그런 책을요.

저는 지리 전문가가 아닙니다. 학창 시절에 공부했던 수능 지리과목을 제외하면, 딱히 지리를 학문적으로 접근해본 적도 없지요. 그저 덕후일 뿐입니다.

세계지도를 좋아하게 된 계기가 딱히 특별하지도 않습니다. 어릴 적 밥상머리 옆엔 늘 어린이를 위한 그림 세계지도가 붙어 있었는데, 가족들과 식사 시간마다 수도 맞추기 게임을 한 것이 시작이었습니다. 세계 모든 사람이 나와 같은 환경에서 살지 않는다는 사실이 꽤 자극적으로 느껴졌던 것 같습니다. 그림지도를 들여다보며 이곳에 가면 어떤 풍경이 펼쳐질지, 또 저곳엔 어떤 사람들이 살고 있을지 상상의 나래를 펼쳤죠. 그러다 보니 자연스레 사회과부도를 펼치는 아이가 되었고, 학교에선 가르쳐주지도 않던 세계지리를 독학했으며, 전공 공부보다 'ㅇㅇㅇ 문화권 연구' 같은 이름의 교양 강의만 쫓아다니는 대학생이 되어버렸습니다.

긴 시간 동안 세계지도를 읽어오며 제 세계는 더욱 넓어졌습니다. 세계지도를 읽을수록 나의 세계는 더욱 넓어지고, 편견에서 벗어나 세상을 마주 볼 수 있게 됩니다. 내 삶을 스스로 디자인할 수 있는 힘을 얻기도 하지요. 여기저기서 똑똑한 척할 수 있다는 것은 그저 덤입니다.

이 글을 읽는 분들 중에는 지리가 좋아서 이 책을 선택한 사람도 있을 것이고, 지리가 어려워서 이 책을 선택한 분도 있을 것입니다. 계기가 어떻게 되었든, 단언컨대 지리가 좋아질 것입니다. 나에게 맞는 여행지를 뚝딱 선정할 힘을 얻고, 해외 뉴스가 막연한 세계 어딘가의 뉴스로 들리지 않는 기적을 경험해 보시죠.

지리 덕후와 다시 한번 떠나는 여행

《지리 덕후가 떠먹여주는 풀코스 세계지리》는 '코로나 시국'이 시작됨과 거의 동시에 세상 밖으로 나왔습니다. 여행을 못 가는 시기에 나온 여행 도서여서 걱정이 컸는데요. 방구석 지리 공부에 동참해주신 분들이 많아 기뻤습니다. 오히려 평소 여행 분야 베스트셀러를 꿰차고 있던 가이드북의 기세가 주춤하는 바람에 잠시나마 여행 분야 1위도 해보았으니 저자로서는 더할 나위 없는 기쁨입니다. 책이 나온 후 제 삶도 많이 바뀌었습니다. 작가인 동시에 강사로서도 활발히 활동하며 단순히 여행의 설렘을 공유하는 이야기보다는 지리적, 문화적 배경을 버무려 세계 곳곳의 이야기를 마음껏 하고 있습니다.《지리 덕후가 떠먹여주는 풀코스 세계지리》는 저의 토대와 같은 책이어서 더욱 애정이 갑니다. 첫 시작을 함께해 준 독자분들께 감사의 말씀을 올립니다. 물론 앞으로 함께해 주실 독자분들께도요.

'코로나 시국'이 펼쳐졌던 지난 3년여 동안 국제 정세에도 많은 변화가 있었습니다. 바이러스로 인해 많은 나라들이 국경을 닫았고, 예상치 못한 전쟁이 일어나기도 했지요. 책에 기술한 내용이 불과 몇 년 만에 옛 내용이 되어버려, 특히 2장의 세계의 분쟁 지역을 다루는 파트에서는 많은 부분을 새롭게 업데이트했습니다. 참담한 마음으로 최근 정세에 관한 내용을 추가했지만 일부 지역은 안정화되어 내용이 빠지기도 하였으니, 그래도 세상이 마냥 안 좋은 방향으로 흘러가지는 않는 것 같습니다. 4장의 기네스 기록과 관련된 부분도 가능한 최신 기록으로 바꾸었습니다.

과거의 원고를 다시 읽는 일은 저에게도 편한 일은 아니었습니다. 아무리 저 스스로가 쓴 글이어도 오랜만에 마주하면 낯설고 민망하거든요. 완전히 갈아엎고 새로이 쓰고 싶다는 욕구도 꿈틀댔지만, 처음 쓰일 당시 잡았던 책의 정체성도 중요하다고 생각해 수정할 부분은 수정하면서도 기존의 글을 최대한 유지했습니다.

덕후로서의 애정을 담아 양질의 정보를 선별하기 위해 노력했으나, 아무래도 제가 전문가는 아니다 보니 여전히 미흡한 점들이 있을 수 있습니다. 하지만 독자분들의 피드백으로 미흡한 부분이 이전보다 많이 채워졌습니다. 피드백해 주신 내용들은 살펴본 후 대부분 반영하였습니다. 지리 덕후나 지리 선생님 중에는 예리한 눈으로 정말 자그마한 부분까지 사실을 확인해 주신 분도 계셨습니다. 지리를 사랑하는 사람으로서 이 책이 더 완벽한 책이 되었으면 하는 바람에 주신 말씀이기에 제가 많이 감동했습니다. 독자분들 덕에 책이 한 단계 더 성장할 수 있었습니다.

이 책을 꾸준히 사랑해 주신 독자분들 덕분에 개정판을 내게 되었습니다. 중쇄를 찍기도 힘들어진 최근 출판시장의 현실을 고려했을 때 개정판을 낸다는 것은 무척이나 감사한 일입니다. 더불어 옛날이나 지금이나 부족한 원고를 함께 다듬어 주시는 유나 편집자 선생님께 감사드립니다.

2023년 5월
서지선

여행의 어원은 '고생길'이라고 하지만 이 책을 읽고 가면 덜 고생스러울 것 같다. 알면 보이고, 보이면 이해하고, 이해하면 사랑하게 된다는 말처럼 이 책을 읽은 뒤 당신의 여행이, 그리고 우리 지구별이 더 사랑스러워질 것이다.

- 우쓰라(김경우) 사진작가

여행자는 취향에 민감하고 욕망에 솔직하다. 없는 돈과 시간을 모으고 쪼갰으니 좋아하는 곳에서 좋아하는 것만 하고 싶다. 내 몸에 가장 쾌적한 기후와, 내 입에 가장 맛있는 음식이 있는 곳에 가고 싶다. 지도의 언어를 익힐수록 시야가 넓어진다. 막연했던 장소가 구체적으로 다가온다. 이 책은 분명 나와 당신의 다음 여행에 큰 도움이 될 것이다.

- 신예희 작가 & 카투니스트

지리 지식을 통해 알게 되는 여행의 즐거움이 책 속에 가득 담겨 있다. 우리가 사는 세상을 재미있게 이해하고 지리적 사고력을 키워 주는 멋진 책이다.

- 김단심 현직 중학교 지리교사

기내지를 볼 때면 뒷장에 실린 취항지 지도를 가장 먼저 펼친다. 지도에 점으로 반짝이는 목적지를 확인하는 순간 여행은 현실로 다가온다. 지도에는 맛집 정보와는 결이 다른 설렘이 있다. 시험 준비로 볼 때는 몰랐던 재미로 가득한 지리의 세계. 멋지지 아니한가!

- 김기남 〈여행신문〉·〈트래비〉 편집국장

평면의 지도에 갇혀있던 세계지리가 이 책을 통해 입체적으로 살아난다. 지도를 읽고 세상을 이해할 수 있는 재미있는 지리 입문서로 추천하고 싶다.

- 최윤정 유럽여행전문가 & 이탈리아 국가 공인가이드

여행을 다녀온 나라는 위치와 기후, 특성 정도는 안다. 하지만 지도 자체를 읽어볼 생각은 한 적이 없다. 하지만 이 책을 통해 지도를 읽고 지리를 이해하는 것이 그리 딱딱한 일이 아님을 깨달았다. 오히려 재밌다. 쉽고 재미있게 지리를 알고 싶다면 이 책이 제격이다.

- 이앞(강한나) 여행 콘텐츠 크리에이터

CONTENTS

1

다시 만나는 세계지도

2

사람이 만드는 세계지도

3

여행자를 위한 세계 기후 읽기

4

모험가를 위한 세계지도 탐험

1

다시 만나는
세계지도

세계지도를 단순히 '보는' 것을 넘어 '읽는' 방법을 안다면 어떨까? 이 책은 그러한 물음에서 출발했다. 지도를 보는 것은 누구나 할 수 있는 일이다. 동서남북 개념을 알고 어디가 바다이고 육지인지만 구별할 수 있다면 그다지 어려울 것 없다. 하지만 지도를 읽는다는 것은 지도를 해석할 수 있는 힘을 의미한다. 세계지도를 던져놓고 무작위로 어떤 지점을 찍으면, 그곳이 비록 처음 듣는 곳일지라도 추리할 수 있는 힘이라고나 할까.

1장에서는 지도를 읽는 기본 상식을 소개한다. 따분하거나 복잡할 수도 있어 상식선에서 흥미롭게 풀어보았다. 어린 시절 세계지리 시간에 다들 한 번쯤은 들었던 이야기니 그때의 기억을 떠올려보자. 흩어졌던 기억들이 지식이 되어 모이는 기분을 느낄 것이다.

세계지도 읽기의 시작,
오대양 육대주

오대양五大洋 육대주六大洲. 누구나 한 번쯤 들어본 말이고, 누구나 당연히 알고 있다고 생각한다. 오대양과 육대주에 어떤 대륙과 바다가 속해 있는지 눈을 감고 찬찬히 기억해보자. 한번 되짚어 보았는가? 당연히 안다고 생각했는데, 이 기본적인 상식에서 막히다니! 충격을 받은 사람들이 적지는 않을 것이다.

"오대양이라. 태평양, 대서양, 인도양… 그리고 뭐지?"

아는 바다 이름을 다 동원해보다가 '지중해? 아닌 것 같은데?'까지 생각이 미쳤을 확률도 높다.

"육대주는 유럽, 아시아, 아프리카, 북아메리카, 남아메리카…. 또 하나는 뭐지?
아, 잠시만. 유럽과 아시아는 유라시아 대륙 아니었나?
잠깐만, 붙어있다고 다 대륙이면
북미와 남미도 붙어있고, 아프리카도 아시아에 붙어있는 것 아닌가?"
"나머지 하나는 오세아니아! 호주는 대륙이라고 얼핏 배웠던 것 같아.
그런데 잠시만. 남극은? 남극도 대륙 아니야?"

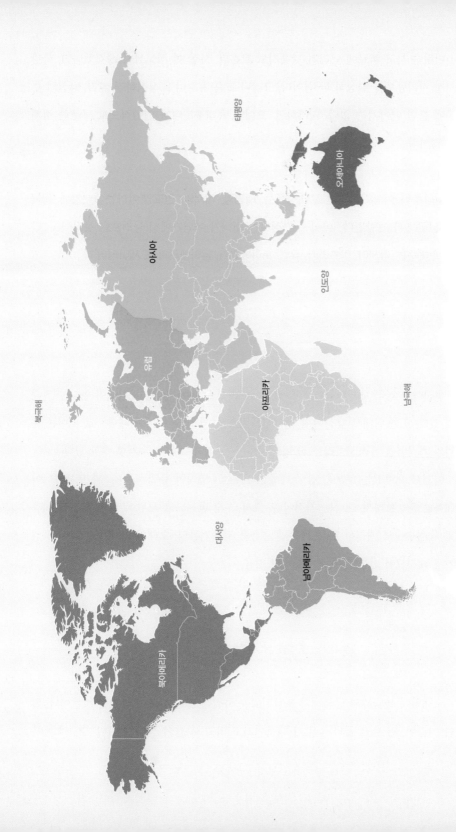

머릿속 사고 회로에 난리가 났을지도 모른다. 사실 이 정도까지 생각했다면, 학창 시절 지리공부를 열심히 한 편이다. 그러니 모른다고 너무 상심하진 말자. 당신의 추론에 틀린 이야기는 없다. 왜냐하면, 오대양 육대주부터가 인위적으로 구분한 경계니 말이다.

정답부터 이야기한다면 오대양에는 '태평양, 대서양, 인도양'이라는 3대양에 '북극해, 남극해'가 포함된다. '아아~' 탄식하는 소리가 어딘가에서 들려오는 듯하다. 그리고 육대주는 '아시아, 아프리카, 유럽, 북아메리카, 남아메리카, 오세아니아'다.

육대주가 아닐 수도 있다

최근에는 남극 대륙을 포함해 육대주가 아닌 칠대주七大洲로 표기해야 한다는 견해가 있다. 또한 위에서 당신이 추론했던 것처럼 누가 봐도 하나의 대륙으로 보이는 유럽과 아시아를 유라시아라는 한 덩어리로 묶고, 남극 대륙을 추가할 수도 있다.

여기서 재미있는 부분은 남극 대륙1,400만km²의 면적이 유럽1,018만km²과 오세아니아 대륙860만km²보다도 크다는 지점이다. 그저 늦게 발견되고 사람이 살지 않는단 이유로 육대주에서 배척된 남극 대륙의 슬픔을 되새겨본다. 오대양 육대주란 그저 우리가 편해지고자 만든 인위적 구분이란 점을.

양(洋)으로 끝나지 않는 북극해와 남극해

오대양에 북극해와 남극해가 포함된다는 사실은 많은 사람이 놓치는 부분이다. 일단 이름이 '양'으로 끝나지 않기 때문이기도 하고, 사람이 산다는 이미지가 약한 북극과 남극 자체를 연상하지 못하기 때문이기도 하다. 넓고 깊은 수역을 뜻하는 '대양'을 세분화한 것이 바로 '바다'인데, 이에 따르면 북극해와 남극해는 '바다'라는 이름을 가진 것이다. 3대양만 대양으로 볼 것인가, 북극해와 남극해도 추가할 것인가는 학자마다 견해가 다르단다. 북극해는 대서양, 태평양과 다른 성질을 가졌으므로 독립된 수역으로 봐야 한다는 견해가 있으나, 그와 달리 남극해는 자연적 경계가 미미해 사실은 인위적 경계를 지어 붙여진 이름이다.

대륙의 경계들

대륙의 경계 또한 자연, 문화적 환경에 따라 인위적으로 구분한 것에 불과하다. 엄밀히 따질 것도 없이 아시아와 유럽은 완전한 유라시아 대륙으로 붙어있다는 점이 그렇다. 오세아니아 또한 대륙으로 볼 것인지 섬으로 볼 것인지도 모호했는데, 이에 대해 학자들은 오세아니아를 대륙으로 보겠다고 결정했다. 대륙 간의 경계를 어떻게 볼 것인가도 흥미롭다.

아시아 – 유럽

러시아에 있는 우랄산맥을 기준으로 나눈다. 문화권의 경계가 대륙의 경계가 된 셈이다. 아이러니하게도 러시아 연방 내에서는 아무런 지역 구분이 되어 있지 않단다. 심지어 남부 우랄은 지대가 낮아 지형적으로도 구분하기 어렵다.

아시아 – 아프리카

이집트에 있는 수에즈 운하를 경계로 구분 짓는다. 이 수에즈 운하는 지중해와 홍해를 연결한다.

북아메리카 - 남아메리카

파나마 운하를 경계로 나누어진다. 이 운하는 무려 세계에서 가장 큰 두 바다인 태평양과 대서양을 잇는다. 하지만 문화적으로는 미국과 멕시코 국경의 리오그란데강을 기준으로 앵글로아메리카와 라틴아메리카로 구별한다. 고로 중앙아메리카 국가들은 지리적으로는 북아메리카지만 문화적으로는 라틴아메리카인 셈이다.

아시아 - 오세아니아

지리적 경계로는 오세아니아 대륙 위에 있는 뉴기니섬을 기점으로 아시아와 오세아니아가 갈린다. 이 섬을 반으로 가르면 좌측은 인도네시아 영토고 우측은 파푸아뉴기니 영토다. 문화적으로는 두 국가를 경계로 한쪽은 아시아, 한쪽은 오세아니아로 구분 짓는다. 생태학적 경계는 또 별개다.

오세아니아의 비밀

호주 본토가 곧 오세아니아 대륙이다. 오세아니아의 경계는 상당히 흥미로운데 첫 번째 흥미로운 지점이 바로 위에서 언급한 뉴기니섬이다. 참고로 아시아와 오세아니아의 생태학적 경계는 인도네시아의 섬과 섬 사이에서 나뉜다. 보르네오섬과 술라웨시섬 사이, 그리고 발리섬과 롬복섬 사이다.

오세아니아에는 태평양 섬 대부분이 포함되어, 지리학적으로 흥미로운 부분이 많다. 예를 들어, 우리가 흔히 알고 있는 미국령 땅인 괌, 사이판, 하와이가 오세아니아에 속한다는 사실이다. 심지어는 일본의 오가사와라 제도가 오세아니아에 속해 있기도 하다. 오가사와라 제도는 일본의 행정구역상 도쿄도都에 속해 있다는 사실이 흥미롭다. 도쿄의 일부가 오세아니아에 있다니!

지도를 읽는
선(line) 이야기

사회 초년생인 K양은 올여름 휴가야말로 자신을 위한 선물을 하기로 결심했다.

동남아의 에메랄드빛 바다에서 칵테일 한 잔 마시는 꿈을 꿔보지만,

무더위가 너무나도 싫은 K양은 여행지를 고르지 못해 고민이다.

 복학생 L군은 겨울에 생애 첫 유럽 배낭여행을 떠났다.

군대에서의 경험으로 추위에는 자신이 있었기 때문이다.

느린 여행을 추구하는 그는 여유로운 늦잠을 누린 후 밖으로 나왔다.

배도 좀 채웠겠다 이제 좀 본격적으로 움직여볼까 싶던 차 해가 지기 시작했다.

그의 시계는 고작 오후 4시를 가리키고 있었다.

유능한 IT 개발자 P씨는 미국 LA로 해외 발령이 났다.

따스해진 3월 날씨처럼 두근거리는 마음을 안고 다음 날 첫 출근을 했으나,

상사가 첫날부터 1시간이나 지각이냐며 꾸짖는다. 스마트폰을 확인해보니

어제 비행기에서 내리자마자 맞춘 손목시계와 시간이 다르다.

날씨 탓에 여행지를 고르지 못해 고민하거나, 해외의 시간관념이 달라 난처했던 경험은 누구든 한 번씩 있을 것이다. 하지만 지도에는 인위적으로 그어진 다양한 선들이 있다. 이 선들의 역할만 잘 구분해도 세계지도 똑똑이가 되는 것은 시간문제다. 똘똘한 여행자라면 제대로 짚어보고 넘어가자.

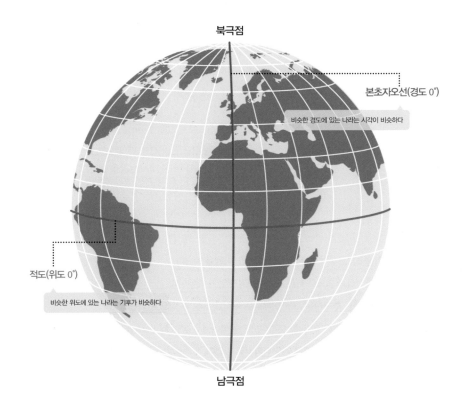

가로선은 위선, 세로선은 경선

위도緯度와 경도經度의 개념은 모두가 알고 있다고 생각하지만, 다시 한번 되짚어보자. 둥근 지구를 가로선으로 나눈 것을 위선緯線, 세로선으로 나눈 것을 경선經線이라고 한다. 편의상 하나는 가로로 하나는 세로로 나눴을 뿐이라고 착각하기 쉽지만, 당연히 나누는 목적이 다른 만큼 나뉜 원리도 다르다. 세계지도로 생각하지 말고 세계지도의 원형인 지구본을 기준으로 이해하면 쉽다.

위도를 읽으면 기후가 보인다

우리는 지구에서 가장 뚱뚱한 허리 부분을 위도의 기준점인 $0°$로 설정했다. 이 선이 바로 우리가 알고 있는 적도赤道다. 지구에서 가장 불룩 튀어나온 부분이니, 그만큼 햇빛을 많이 받는 뜨거운 지역이다. 햇빛을 받는 면적이 가장 적은 북극과 남극은 위도 $90°$로 두었다. 북극은 적도를 기준으로 북쪽에 있으니 북위 $90°$, 남극은 남쪽에 있으니 남위 $90°$로 적는다. 위선을 읽을 때는 각각의 위선이 갖는 길이가 다르다는 점에 유의해야 한다. 위도 $0°$는 세계에서 가장 긴 위선을 갖고 있으나, 고위도로 갈수록 선의 길이는 점차 줄어들다 결국 $90°$인 극 지점에 도달하면 하나의 점이 되어 버린다.

위도로 해가 뜨고 지는 시간도 알 수 있다. 시간은 경선의 역할일 텐데 무슨 소리냐 싶을 수도 있겠다. 여기서 말하고 싶은 부분은 고위도로 갈수록 해가 떠 있는 시간이 극단적이라는 사실이다. 이는 지구의 자전축이 기울어져 있기 때문으로 극지방에서 백야 현상과 극야 현상이 나타나는 것과 원리가 같다. 고위도 지역은 여름이면 태양의 방향으로, 겨울이면 태양의 반대 방향으로 기울어 버린다. 즉 고위도로 갈수록 여름에 해는 지나치게 길고 겨울의 해는 지나치게 짧다. 이를 인지하고 있으면 여행 계획에 큰 도움이 된다.

반대로 세로선인 경선經線은 지구의 두 극지방을 잇는 선이다. 위선과 달리 모든 경선은 같은 길이를 가질 수밖에 없다. 위도를 통해 비슷한 기후대를 찾을 수 있었다면, 경도를 통해서는 비슷한 시간대를 찾을 수 있다. 지구가 24시간 동안 자전하기 때문에 낮과 밤이 생긴다는 사실을 생각하면 쉽게 이해할 수 있다.

우리는 영국의 그리니치 천문대가 경도의 기준점이라는 것을 익히 들어 알고 있다. 이 선을 바로 본초자오선本初子吾線이라 부른다. 1675년 런던의 교외 도시 그리니치에 설립된 이 천문대는 1884년 워싱턴 회의를 통해 경도의 기준이 되었고, 1935년부터는 세계의 기준 시를 담당하게 되었다.

지도를 보면 본초자오선에서 15°간격으로 경선이 그어져 있다. 이 15°의 경선마다 1시간의 시차가 발생한다. 어느 쪽이 1시간 빠르고 어느 쪽이 1시간 느릴까? 우리는 이 질문에 가볍게 대답할 수 있다. 해는 동쪽에서 뜨니까, 오른쪽이 1시간 빠르고 왼쪽이 1시간 느리다. 그렇게 15°씩 넓혀가다 보면? 언젠가 태평양 한가운데서 동경 180°와 서경 180°가 만날 수밖에 없지 않을까. 그렇다. 이 선이 바로 날짜변경선이다.

TIP　　GMT와 UTC

그리니치 천문대의 권위는 사실 예전만 못하다. 천문대 본부가 케임브리지로 이전해 상징뿐인 천문대 박물관 역할을 하고 있는데다, 그리니치표준시(GMT)의 계산법이 지구의 자전속도가 조금씩 느려진다는 점을 반영하지 못해 미세한 오차가 발생하기 때문이다. 결국 그리니치표준시는 1972년부터 원자시계를 기준으로 계산하는 협정세계시(UTC)에 국제 표준시의 자리를 내주게 되었다.

태양이 다니는 길,
적도

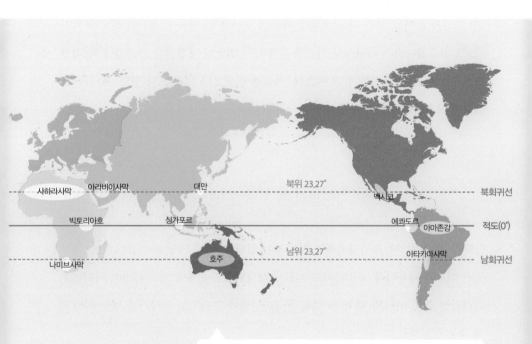

사하라사막　　아라비아사막　　　　대만　　　　　　북위 23.27°　　　　　　　　　　멕시코　　　　　　　　　　　　　북회귀선

빅토리아호　　　　싱가포르　　　　　　　　　　　　　　　　에콰도르　아마존강　　　　적도(0°)

나미브사막　　　　　　　　　　　호주　　남위 23.27°　　　　　　아타카마사막　　　　남회귀선

세 가지 선에 있는 지명을 몇 개 외워두면 세계지도를 볼 때 매우 편하다
- 적도 (빅토리아호, 싱가포르, 에콰도르, 아마존강)
- 북회귀선 (사하라사막, 아라비아사막, 대만, 멕시코)
- 남회귀선 (나미브사막, 호주, 아타카마사막)

적도에 대해 얼마만큼 아십니까?

깜짝 퀴즈를 한 번 풀어보자. 지금은 뜨거운 여름이고, 당신은 동남아 여행지를 고르는 중이다. 후보 1번은 비교적 가까운 대만이고 후보 2번은 적도에 있는 나라로 알려진 인도네시아다. 더위를 싫어하는 당신은 어디로 가야 조금이라도 쾌적한 여행을 할 수 있을까?

적도를 그저 지구에서 가장 뜨거운 곳이라고만 이해하고 있다면, 당신은 적도에 대해 크게 오해하고 있는 것이다. 정답은 2번, 인도네시아다. 많은 사람이 동남아 여행지를 고를 때 쉽게 착각하곤 한다. 여름에 떠나는 적도 여행은 얼마나 고통스러울까! 그렇지 않아도 연간 더운 곳인데 여름엔 얼마나 더 더울지 생각만 해도 끔찍하다. 그러니 그나마 우리나라랑 가까운 홍콩이나 대만이 낫겠거니 하고 홍콩과 대만으로 떠나버린다. 완벽한 판단 미스다. 여름엔 적도보다 대만이 더 덥다. 왜냐하면? 태양이 북회귀선에 있기 때문이다.

태양이 가는 끝과 끝, 북회귀선과 남회귀선

다시 생각해보자. 우리나라에는 사계절이 있다. 그중에 가장 존재감이 뚜렷한 계절은 여름과 겨울이다. 우리나라의 여름에 해당하는 6~8월에 땅이 움직여 저위도로 내려가는 것도 아닌데 왜 더운 것일까? 12~2월엔 고위도로 올라가는 것도 아닌데 왜 추운 것일까?

이는 시기에 따라 태양이 열심히 지져버리는 부위가 다르기 때문이다. 평소에는 태양이 적도를 가장 열렬하게 사랑하는 듯이 보이지만, 6~8월에 가까워질수록 **북회귀선**北回歸線 북위 23°27′으로 이동하고, 12~2월에 가까워질수록 **남회귀선**南回歸線 남위 23° 27′으로 이동한다. 즉, 태양은 계절의 변화에 따라 북회귀선과 남회귀선 사이를 열심히 이동하고 있는 것이다. 마치 철새들이 이동하는 것처럼*. 그래서 적도를 그저 '지구에서 항상 가장 더운 곳'으로 이해해버리면 곤란하다. 대만으로 여름휴가 비행기 티켓을 끊어버린다거나, 발리보다 우리나라가 덥다는 사실에 경악하는 것이다. 사실은 당연한 이치일 뿐인데.

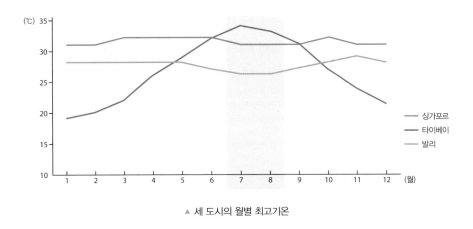

▲ 세 도시의 월별 최고기온

못 믿겠다면 7, 8월에 어느 지역이 더 더운지 두 눈으로 직접 기온을 확인해보자. 발리는 적도보다 살짝 아래인 남반구에 위치했는데, 덕분에 7, 8월은 오히려 여행하기 좋은 날씨다.

시원하게 여름휴가 가고 싶다면

태양이 북회귀선에 오는 여름엔 북회귀선에 있는 나라들이 지구상에서 가장 덥다.

* 우주를 기준으로 보면 당연히 태양은 언제나 가만히 존재할 뿐이다. 계절의 변화는 지구가 자전축이 기울어진 채로 공전을 하므로, 북반구와 남반구의 태양빛을 받는 양의 차이에 따라 생긴다.

대만은 아주 제대로 북회귀선에 걸쳐있는 나라다. 찜통더위 속에서 대만을 여행하고 싶지 않다면 7, 8월만큼은 피해야 한다. 여름휴가 때 시원하게 여행하고 싶다면? 지도에서 북회귀선을 확인하고, 북회귀선에서 어느 정도 떨어진 곳을 고르자.

지도를 볼 줄 아는 사람이었다면, 여름에 한반도가 동남아 어디보다 더 달아올랐다는 이야기에 그다지 놀라지 않았을 것이다. 궁금하다면 지도에서 확인해보자. 북회귀선의 기준점인 대만에서부터 우리나라까지의 거리를 짚어보면 확실히 알게 될 것이다.

동남아도 땅이 넓고 다른 국지적 이유로 인해 전부라 할 수는 없지만 보통 4월 즈음이 가장 더운 날씨를 자랑한다. 그러니 여행 중 더위에 민감하다면 봄에는 동남아 여행을 선순위에서 제쳐버리는 게 마음이 편하다. 강수량에 예민하다면 방문지의 우기 시즌을 따로 찾아보는 것을 권장한다.

		최난월	최난월 최고기온
베트남	하노이	6월	34℃
	다낭	6월	35℃
라오스	비엔티안	4월	35℃
캄보디아	시엠레아프	4~5월	35℃
태국	방콕	4~5월	35℃
	푸켓	2~4월	32℃
	치앙마이	4월	36℃
미얀마	양곤	4월	38℃
필리핀	마닐라	4월	34℃
	세부	5월	33℃
말레이시아	쿠알라룸푸르	2~6월	33℃
	코타키나발루	5월	33℃
싱가포르	싱가포르	3~5월, 10월	32℃
인도네시아	발리	11월	29℃
	자카르타	5월, 9~10월	33℃

출처: NOAA

주요 동남아 도시들의 최난월과 최난월 최고기온을 정리한 표다. 같은 동남아라도 위도가 어디냐에 따라, 내륙이냐 아니냐에 따라 차이가 나는데, 적도에 가깝고 해안가에 있는 도시일수록 연교차가 거의 없다. 참고로 서울은 8월이 30℃로 가장 더운 달이다.

북회귀선과 남회귀선만 믿으면 아니 된다

조금만 더 팁을 얹자면, 여름엔 북회귀선이라고 가장 덥고 겨울엔 남회귀선이라고 가장 더운 것만은 아니다. 아니 지금까지 그렇게 얘기 해놓고 이제는 또 무슨 뚱딴지같은 소리냐고 따지고 싶겠지만, 조금만 더 이야기를 들어주었으면 좋겠다.

지구는 매우 복잡하기 때문에, 위도라는 한 가지 요인에 의해 기후가 형성되지 않는다. 생각해보자. 지구는 육지로만 이루어져 있거나 바다로만 이루어진 곳이 아니다. 과학 시간에 비열의 차에 대해 배운 기억이 나는가? 바다는 일교차에 의한 온도변화가 더디고, 반대로 육지는 빠르다. 즉, 지역에 따라 수륙분포도가 다르기 때문에 실질적 적도의 역할을 하는 선은 다음 그래프와 같이 나타난다. 정확하게 더위를 피해 여행지를 선택하고 싶다면 참고하길 바란다.

▲ 7월과 1월의 적도수렴대

시차와
날짜변경선 이야기

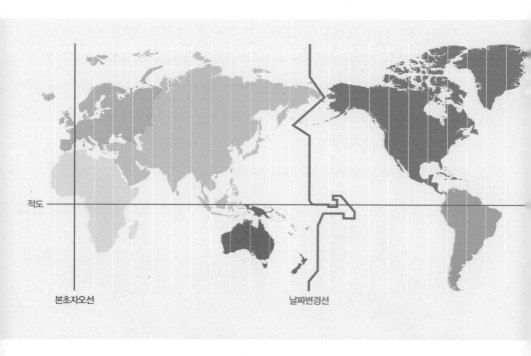

적도

본초자오선   날짜변경선

한 나라 안에서 시차가 나누어진다면?

본초자오선을 기준으로 15° 간격으로 경선이 나누어져 있고, 각 경선마다 1시간의 시차를 가진다. 그래서 동경 180°와 서경 180°가 만나는 지점이 바로 날짜변경선이 된다. 별로 어려운 개념은 아니나 실제로 세계 시차를 살펴보면 당혹스럽다. 배웠던 개념과는 많이 다르게 적용되어 있기 때문이다. 정확히 한 시간 간격으로 딱딱 나누어져 있다면 공부하는 우리야 편하겠지만, 어떤 나라 사람들의 사정은 다르다.

그다지 넓은 땅덩이를 가지지 못한 우리나라 사람들은 한 번도 고민해 본 적이 없는 문제겠지만, 동서로 긴 땅을 가진 나라들에겐 경도가 큰 고민거리다. 시차가 발생하기 때문이다. 같은 나라 내에서 시차가 생기면 여러 가지 불편한 점이 생긴다. 그러므로 이 나라들은 지방마다 각자의 시차를 받아들일지 표준시로 전국을 통일할지 고민해야만 한다.

미국, 러시아, 캐나다, 호주, 브라질은 넓은 국경 내에서 어느 정도의 시차 구별을 허용했다. 땅이 너무나도 넓다 보니 한 가지 시간으로 통일하기엔 무리라고 판단한 것이다. 러시아는 넓은 땅덩이를 가진 만큼 무려 11개의 시간대를 사용하고 있다. 하지만 통일 표준시를 채택한 국가도 있다. 대표적인 나라가 바로 중국이다.

중국은 세계 3위 국가면적을 가지고 있는 나라지만, 베이징 기준의 표준시로 전국을 통일해버렸다. 이 탓에 중국과 아프가니스탄은 국경을 맞대고 있지만 3.5시간의 시차가 발생하는 아이러니가 생겨버렸다. 중국의 신장 위구르 자치구는 베이징과 무려 2시간의 시차가 발생하는데도 베이징 표준시 속에서 살아간다. 아침 8시 출근을 위해 해도 뜨지 않는 새벽에 기상해야 하고, 밤 8시가 되었는데도 해가 지지 않는 시간 속에서 살아가야 하는 것이다. 하지만 다행히 비공식적으로 사용되는 '신장 시간'이라는 제도가 있어, 베이징보다 2시간 더 늦게 움직일 수 있다. 그래서 이 지역을 여행할 때는 베이징 시간과 신장 시간을 혼동하지 않도록 주의해야 한다.

재미있게도 중화민국 시절의 중국에서는 시간을 30분 단위로 쪼개 총 5개의 시간대를 사용했다고 한다. 무엇이든 '적당히'가 좋은데 말이다.

시차도 선택할 수 있다

대부분의 국가는 영국 시간대를 기준으로 1시간 단위의 차가 나는 시간대를 선택하지만, 정확성을 위해 30분 단위 시차를 선택한 곳도 적지 않다. 아주 드물게 15분 단위를 쓰는 국가도 있으며, 비공식적으로 더욱 세분된 시차를 쓰는 지역도 존재한다. 하지만 시차를 세밀하게 설정할수록 인근 국가들과의 교류에서 불편함이 생긴다는 사실을 부인할 수 없다. 그래서 가능하면 근린 국가들과 시간대를 통일해버리는 것이다. 이러한 이유로 30분 단위의 시차를 포기한 국가가 많다. 우리나라 또한 그 예시다.

동경 120°와 135° 사이에 위치한 우리나라는 동경 135°를 표준시로 채택함으로써, 이웃나라 일본과 같은 시간대를 살아가고 있다. 이는 영국 기준의 세계시보다 9시간 빠른 시각UTC+9:00으로, 한번 외워두면 두고두고 시차 계산할 때 편하니 외워두길 권장한다. 북한은 2015년 광복절에 일제의 잔재를 청산하겠다는 뜻을 내비치며 표준시를 UTC+8:30으로 변경하였지만, 2018년 남북정상회담에서 한국 기준의 표준시로 다시 변경했다.

서머타임은 왜 존재할까?

가만히 내버려 둬도 어려운 국제시간을 더 헷갈리게 만드는 주범이 하나 있으니, 바로 서머타임summer time이다. 서머타임은 여름 시즌에 한정해 표준시보다 시간을 1시간 앞당기는 제도로, 주로 서구권에서 사용하고 있다. 서머타임 기간에는 아예 시계를 한 시간 미래로 돌려버린다. 말이 '여름 시간'이지 실시되는 기간은 대략 4월부터 10월까지로 상당히 길다. 사실은 서머타임이 표준시고 윈터타임이 따로 있다고 해도 믿을 정도다.

서머타임을 사용하지 않는 우리나라의 입장에서는 당최 이해가 되지 않는 행동으로 보인다. 그들의 말에 따르면, 서머타임을 이용하면 해가 긴 여름을 이용해 온종일 햇볕을 많이 쬘 수 있고, 일찍 깨서 부지런해지며, 하루를 일찍 시작한 만큼 일찍 자서 전기요금도 아낄 수 있다고 한다. 비교적 고위도에 위치한 영국의 경우, 여름에 서머타임을 실시하면 밤 10시나 되어서야 스멀스멀 해가 지기도 한다.

서구권 나라들은 대부분 서머타임을 적극적으로 실시하고 있지만, 비서구권 지역은 대부분 서머타임이 불편하다는 이유로 시행하지 않거나 시행했다가 취소했다. 재미있게도 한국 또한 서머타임을 실시한 적이 있는 나라다. 한국은 1954년부터 1961년까지 동경 127°30′* 기준의 표준시를 사용한 적이 있는데, 그 당시에 서머타임을 함께 실시했다. 그리고 88 서울올림픽 시기1987~1988년에 한 번 더 서머타임 제도가 시행되었다가 사라졌다.

날짜변경선이 들쭉날쭉한 이유

마지막으로 **날짜변경선**을 살펴보자. 이 선을 기준으로 오른쪽에서 왼쪽으로 지나갈 때는 날짜가 1일 늘어나고, 왼쪽에서 오른쪽으로 지나갈 때는 1일 줄어든다. 그러니 날짜변경선을 잘 이용하면 생일을 48시간 동안 즐기는 것도 가능하다. 이 선을 기준으로 무려 24시간의 시차가 생긴다는 점을 고려하면, 날짜변경선의 정반대 편에 그리니치 천문대가 있는 이유가 납득이 된다. 그래야 날짜변경선이 태평양 한가운데에 위치해 무려 24시간 시차의 혼란을 겪어야 할 나라가 소수일 테니 말이다.

하지만 지도 속에 날짜변경선을 마주하면 솔직히 조금 당혹스럽다. 동경 시간대를 쓰는 러시아의 극동 지역과 서경 시간대를 쓰는 미국령 알래스카 열도의 경선이 제

• 동경 127°30′는 '동경 127도 30분'으로 읽는다.

대로 겹쳐, 편의상 날짜변경선을 꺾어 쓴다는 사실까지는 그럭저럭 이해하겠다. 하지만 적도 인근의 태평양에서 대체 무슨 일이 벌어진 것일까?

날짜변경선을 쭈그러트린 주범은 바로 태평양 섬 국가 키리바시다. 키리바시는 과거 날짜변경선이 나라를 관통해 큰 혼란을 겪었다고 한다. 그래서 1995년부터는 키리바시 동쪽 끝으로 날짜변경선을 옮겨버렸다. 아무래도 날짜변경선 서쪽에 오세아니아 대부분의 섬나라가 있으므로, 날짜를 통일한다면 이들과 같은 하루 빠른 시간대 안으로 들어오는 것이 낫다고 생각했을 것이다.

날짜변경선을 옮기면서 키리바시는 UTC+12와 더불어 UTC+13과 UTC+14라는 비현실적인 시간대를 함께 사용하게 되었다. 키리바시 최동단에 있는 라인 제도는 영국보다 무려 14시간이나 빠른 시간대로, 덕분에 키리바시는 세계에서 '해가 가장 일찍 뜨는 나라'라는 별명을 획득하게 되었다. 이로 인해 키리바시와 비슷한 경도에 있는 사모아와는 24시간도 훨씬 넘는 시차를 보인 적도 있었다.

왜 과거형 문장인가 하면 비슷한 이유로 사모아 또한 2011년에 하루를 앞당겨버렸기 때문이다. 사모아는 키리바시처럼 국경 내에서 날짜가 바뀌었던 것은 아니다. 하지만 주 교역국인 오세아니아 나라들과 어마어마한 시간 차이가 생겨 여간 고생을 한 게 아니었다. 특히 뉴질랜드나 호주와는 하루 가까이 되는 시차가 발생하다 보니, 정상적으로 교역을 할 수 있는 날이 일주일에 단 3일뿐이었다고 한다. 결국 사모아가 날짜변경선을 국경선 서쪽에서 동쪽으로 옮기기로 했고, 2011년 12월 29일 24시는 바로 12월 31일 0시가 되어버렸다. 2011년 12월 30일은 사모아에게 사라진 하루가 된 것이다.

복잡한 시차를 재밌게 알아가기 위해 책 끝에 체크리스트를 준비했다. UTC 기준으로 정리한 세계 196개국을 살펴보며 시차의 오묘함과 세계 곳곳의 나라들에 익숙해져 보자

기후를 만드는
3가지 요인

파리에 사는 프랑스인 M씨는 동계스포츠 광팬이다.

4년마다 동계올림픽을 즐기기 위해 세계여행을 떠나는 M씨는

2018년에도 평창동계올림픽을 위해 여행을 떠났다.

아시아는 왠지 모르게 따뜻한 이미지가 있어 아무런 걱정을 않고 출발했으나,

그가 참관한 역대 동계올림픽 중 가장 혹독한 날씨를 만나 당황할 수밖에 없었다.

수원에 사는 한국인 P양은 하와이로 여행을 갔다.

하와이까지는 인천에서 8시간이 소요됐다.

하와이에서 즐거운 휴양을 하고 인천으로 향하는 비행기를 탄 P양은

'엄마, 8시간 뒤에 공항으로 마중 나와 줘.'라는 카톡을 하나 남기고

스마트폰 비행기 모드를 실행했다. 하지만 비행기에서 내리니 무려

10시간 30분이 지나있었다. 어머니는 단단히 화가 나서 집으로 돌아간 후였다.

오사카에 사는 일본인 T군은 몇 달 전부터 싱가포르 여행을 계획했다.

여행이 3일 앞으로 다가와 날씨를 체크해보니,

일주일 내내 뇌우가 온다는 것이었다. 충격을 받은 T군은 낙담한 채로

싱가포르에 도착했다. 장마 시즌에 잘못 왔나 보다 싶었는데,

따사로운 햇살을 만끽하며 너무나도 쾌적한 여행에 성공했다.

기후氣候 climate 란 무엇일까? 기후는 '일정한 지역에서 여러 해에 걸쳐 나타난 기온, 비, 눈, 바람 따위의 평균 상태'를 뜻한다. 학창시절에 배운 서안해양성 기후니 지중해성 기후니 하는 것들이 이에 속하며, 그때그때의 날씨를 뜻하는 기상氣象 weather 과는 엄연히 다른 개념이다. 기후가 어떻게 형성되는지 알아본다니 벌써부터 머리가 지끈거리는 것 같다. 하지만 기후를 이해하는 것만큼 지리에서 재미있는 부분도 없다. 당신의 세계도 그만큼 넓어지리라 확신한다.

기후를 만드는 요인은 세 가지가 있다. 바로 기온, 강수, 바람이다. 지금부터 차근히 알아보자.

기온, 위도와 고도가 바꾼다

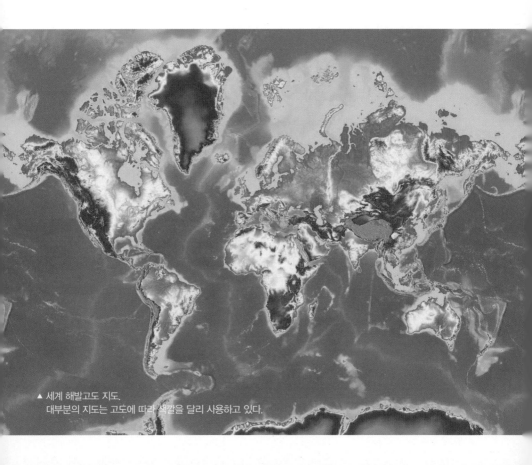

▲ 세계 해발고도 지도.
대부분의 지도는 고도에 따라 색깔을 달리 사용하고 있다.

▲ 남반구 고위도에 위치한 남극은 빙원으로 이루어져
있다. 혹독한 추위 때문에 예로부터 사람이 살지 못
하는 지역이었다.

▲ 에콰도르의 수도 키토는 적도에 있지만, 고도가 높
아 항상 봄과 같은 날씨를 즐길 수 있다.

　세계 곳곳의 자연 지형을 가볍게 떠올려보자. 열대우림도 있고, 초원도 있고, 사막
도 있고, 침엽수림도 있고, 빙하도 있다. 이들을 가장 먼저 분류한다면 어떻게 분류하
겠는가? 아마 대부분의 사람은 기온에 따라 분류를 해보지 않을까?

　기온氣溫 temperature 은 기후가 형성되는 가장 큰 요인이다. '열대우림과 빙하 지역은
왜 기온 차가 있는가?'라고 물으면 백이면 백 '위도 때문에'라고 대답할 것이다. 정답
이다. 위도의 차는 기온의 차가 나는 가장 큰 이유다. 당연히 고위도로 갈수록 햇볕의
양을 적게 받기 때문에 점점 더 추워진다.

　그럼 위도 말고 다른 요인은 무엇이 있을까? 에콰도르의 수도 키토는 적도에 위치
해 있는데, 연평균 기온이 15℃로 아주 쾌적한 날씨를 보인다. 적도인데 대체 왜 그
런 걸까? 답을 유추하는데 성공했는가? 이유는 바로 고도高度 altitude 때문이다. 안데스
산맥의 중턱에 위치한 키토는 해발고도가 2,850m로 연중 선선한 기후를 보이고 있
다. 높은 고도가 무려 적도의 힘을 상쇄한 것이다. 아프리카 대륙 적도에 있는 킬리
만자로산5,895m 정상에 눈이 쌓여있는 것도 같은 이유다.

기온, 바다의 영향을 받는다

위도와 고도 이외에도 기온에 영향을 미치는 요인으로 격해도隔海度가 있다. 격해도의 '격'은 한자 '사이 뜰 격隔'이다. 즉, 바다로부터 얼마나 떨어져 있는가를 나타내는 개념이다.

어릴 적 우리는 이미 배웠다. 여름철 땅의 열기는 후끈한데, 왜 바다에 들어가면 그리도 시원한지. 액체로 이루어진 바다가 훨씬 열전도율이 낮기 때문이다. 바다는 육지보다 느리게 데워지고 다시 느리게 식는다. 이 개념은 대륙 내에서도 적용이 되어 같은 육지 안이라도 바다와의 거리에 영향을 받는다. 바다로부터 멀리 떨어질수록 땅은 쉽게 달구어지고 또 쉽게 식는다. 그렇기에 바다와 가까운 지역의 해양성 기후는 연교차가 작은 반면, 대륙성 기후는 연교차가 크다.

중위도 지역은 대륙 동안이 대륙의 서안보다 훨씬 춥고 덥다. 왜 그럴까? 바로 편서풍의 영향을 동시에 받기 때문이다. 편서풍은 대륙의 서쪽에서 동쪽으로 겨울에는 차가워진 대륙을 지나오고, 여름에는 뜨겁게 달아오른 대륙을 지나온다. 유라시아 대륙 동안에 위치한 우리나라가 춥고 더운 데는 다 이유가 있는 것이다.

▲ 유라시아 대륙 동부 내륙에 있는 몽골의 수도 울란바토르는 세계의 수도 중 연교차가 가장 큰 도시다. 한 해의 최고기온과 최저기온의 차는 무려 80℃를 넘나든다.

▲ 아이슬란드의 수도 레이캬비크는 북위 64°에 위치한 고위도 지역이나, 북대서양 난류의 영향을 받아 1월 일평균 최고기온이 2℃, 최저기온이 −3℃로 온화한 기후를 보인다.

이렇게 위도, 고도, 격해도라는 세 개의 개념을 이해하면 세계 대부분의 기후를 유추할 수 있다. 추가로 해류海流에 따라 기온이 달라지는 경우도 생긴다. 한류가 흐르는 지역은 더 춥고, 난류가 흐르는 지역은 더 따뜻하다. 고위도에 위치한 서유럽이 중위도의 동아시아보다 따뜻한 이유는? 서유럽으로 흘러 들어가는 북대서양 해류가 난류이기 때문이다!

강수, 위도로 읽자

기온 못지않게 기후에 큰 영향을 미치는 요인이 바로 강수降水다. 참고로 강수량은 비를 뜻하는 강우량降雨量과 눈을 뜻하는 강설량降雪量을 합쳐서 측정된다. 강수는 기온과도 연관이 있다. 뜨거운 지역에서는 수분 증발이 많으므로 더 빨리 구름이 생성되고, 더 자주 많은 비가 내린다. 그러니 위도와도 연관이 있는 셈이다. 하지만 기온은 고위도로 갈수록 거의 비례하며 낮아지는 반면, 강수의 양상은 조금 다르다. 이런 식으로는 사막 기후를 설명할 수가 없기 때문이다.

건조 기후가 되기 위해서는 강수량보다 증발량이 많아야 한다. 증발되는 수분보다 강수가 많을수록 우림에 가까워지고, 강수량보다 증발량이 많을수록 건조한 사막이 된다. 그래프를 보면 증발량은 고위도에서 적도로 갈수록 거의 비례하며 증가한다. 하지만 강수량은 그렇지 않다. 왜 그럴까?

적도 부근은 적도 저압대가 형성되어 스콜squall이 자주 내린다.

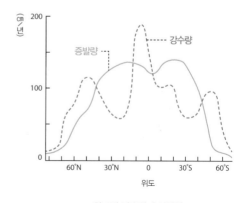

▲ 위도별 강수량과 증발량

열대지역을 여행한다면, 하루에 한 번씩 하늘이 무너질 것처럼 천둥번개를 동반한 폭우가 내리더니 언제 그랬냐는 듯 멀쩡해진 하늘을 볼 수 있을 것이다. 스콜은 데워진 공기를 차갑게 식혀주는 역할을 하므로, 오히려 감사하게 느껴질 때도 있다.

하지만 적도를 지나 북회귀선과 남회귀선 근처로 가게 되면 주로 건조 기후가 나타난다. 아열대 고압대가 형성되기 때문이다. 이는 기류의 변화 때문인데, 하강 기류가 형성되어 강수량이 적어지는 것이다. 이 지역에서는 사막 기후와 스텝기후가 나타난다. 세계지도를 보면 이 부근에 유난히 많은 사막이 형성되어 있는 것을 볼 수 있다.

이제 60° 정도의 고위도로 가보자. 이 지역은 고위도 저압대로 한대 전선이 종종 생성된다. 비가 많이 내리는 지역이 다시 등장하는 것이다. 빽빽이 들어선 침엽수림이 괜히 있는 게 아니다.

마지막으로 극지방에서는 다시 고압대가 형성된다. 극 고압대는 강수량이 거의 없지만, 증발량은 더욱 적기 때문에 중위도 건조 기후와는 다른 양상을 보인다. 이처럼 강수는 기류의 영향을 많이 받아, 고위도로 갈수록 저압대→고압대→저압대→고압대의 순으로 바뀐다는 것을 알 수 있다.

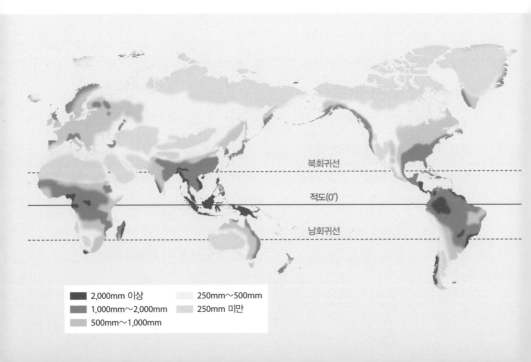

북회귀선

적도(0°)

남회귀선

■ 2,000mm 이상	■ 250mm~500mm
■ 1,000mm~2,000mm	■ 250mm 미만
■ 500mm~1,000mm	

▲ 적도 저압대

▲ 아열대 고압대

▲ 고위도 저압대

▲ 극 고압대

TIP 하강기류

위에서 아래로 흐르는 기류로, 고기압 지역에서 나타난다. 하강기류가 발생하는 곳에서는 대체적으로 맑고 건조한 날씨를 만날 수 있다. 고기압에 있던 공기가 천천히 내려오는 데다 지표의 복사열까지 받아 공기가 매우 건조해진다. 아열대 고압대의 경우 적도에서 상층부로 올라간 공기가 냉각되어 하강기류로 변한다.

▲ 방글라데시와 인도 벵골만 지역은 세계 최고의
다우지로 매해 여름이면 홍수 피해를 겪는다.

위도가 강수량을 결정하는 가장 중요한 역할을 하고 있다지만, 강수량에 영향을 끼치는 요인은 다양하다. 대표적으로 바람받이 사면에 의한 강수 폭증이 있다. 커다란 산맥이 있는 경우 무거워진 구름이 산을 넘지 못해 비를 토해버리기 때문이다. 히말라야산맥 아래에 세계 최고의 다우지多雨地가 형성되어 있는 이유가 이 때문이다. 인도 동부에 위치한 아삼 지방 인근은 여름 계절풍의 영향을 받는데다, 히말라야산맥의 바람받이 역할까지 하는 바람에 1년에 1만mm 이상의 비가 쏟아진다. 우리나라의 연 강수량이 1,200mm 정도인 것을 고려하면, 이곳에 비가 얼마나 많이 내리는지 예상해볼 수 있을 것이다. 반면 구름이 바람받이 사면에서 비를 다 토해 버리는 바람에, 반대편에 위치한 바람그늘 사면은 소우지小雨地가 된다.

강수, 사막의 비밀

소우지 이야기를 더 해보자. 한류寒流가 흐르는 해안가는 대기가 안정되어 비가 거의 내리지 않는다. 이때 해안 사막이 형성된다. 아이러니하게도 바다 바로 옆에 사막이, 그것도 세계에서 가장 건조하기로 손꼽히는 사막들이 생기는 것이다. 칠레의 아타카마사막은 세계에서 가장 건조한 곳으로 꼽히는데, 아열대 고압대에 태평양에서 형성된 한류의 영향까지 받아 1위를 거머쥘 수 있었다.

그런데 지도를 보고 있으면, 바닷가도 아니고 아열대 고압대도 아닌데 넓은 사막이 형성된 곳들이 있다. 중앙아시아의 사막이 이에 해당한다. 건조한 중앙아시아 사막은 중국 접경에 이르

▲ 세계에서 가장 건조한 곳으로 꼽히는
칠레 아타카마사막의 달의 계곡

러선 타클라마칸 사막, 고비사막으로까지 이어지며 광활한 건조 기후대를 형성한다. 우리나라보다 훨씬 높은 위도에 사막이 형성된 것이다. 어떻게 된 것일까? 앞에서 배운 내용 중에 힌트가 있다. 바로 바다로부터의 거리다. 세계에서 가장 큰 유라시아 대륙 한가운데에 있는 중앙아시아 지역은, 바다로부터 멀어도 너무 멀어서 공기 중에 충분한 수분이 공급될 여지가 없었던 것이다.

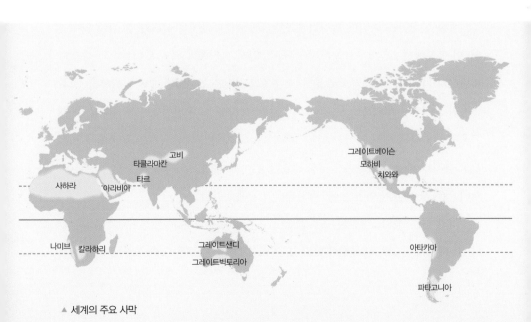

▲ 세계의 주요 사막

TIP 　　　사막이 만들어지는 이유

· **아열대고압대** : 대부분의 사막이 형성되는 이유로, 위도 20~30°에 위치한 사막이라면 아열대고압대가 원인이다. 사하라사막, 아라비아사막, 호주의 사막이 이에 해당한다.

· **격해도** : 아열대고압대도 아닌데 거대한 대륙 한가운데에 넓은 사막이 펼쳐져 있다면, 바다로부터의 거리가 너무나 멀어 습기 공급이 차단되어 생겼다. 중앙아시아의 사막, 타클라마칸사막, 고비사막이 이에 해당한다.

· 한류(寒流) : 한류가 기온 역전 현상을 일으키면서 대기가 안정되기 때문이다. 대기가 안정되면 상승기류가 약해져 비가 오지 않는다. 저위도 지역의 대륙 서안에서 일어나며, 아프리카 남서부의 나미브사막과 칼라하리사막, 페루와 칠레의 아타카마사막 등이 대표적이다. 아열대고압대의 영향까지 받아 세계에서 가장 건조한 사막으로 꼽힌다.

· **바람그늘** : 구름과 바람이 높은 산을 만나면 산 앞에다 비를 왕창 토해내고 사라진다. 그러면 반대쪽은 비가 내리지 않아 매우 건조해질 수밖에 없다. 아르헨티나 파타고니아사막이 바람그늘에 의해 만들어진 대표적인 사막인데, 바로 앞에 안데스 산지가 있기 때문이다.

바람도 위도와 관계있다고?

기후를 완성하는 마지막 결정적 요인은 **바람**이다. 앞에서 이해가 잘 가지 않았다면, 이 부분에서 조금 더 보충이 될 것이다. 앞서 고압대와 저압대 이야기를 다뤘다. 바람은 고기압에서 저기압으로 분다. 오른쪽의 그림을 참고하면 훨씬 이해하기 쉽다.

저위도 지역은 **무역풍**貿易風 trade wind 이 분다. 대항해 시대 선원들이 무역하러 갈 때 도움을 받았다고 해서 지어진 이름이라 한다. 이 지역의 바람은 주로 동쪽에서 서쪽으로 불지만 바람의 방향이 일정하지 않은 편이고 세기도 약하다. 적도로 갈수록 바람이 거의 불지 않아 이곳은 **적도무풍대**라고도 불린다.

우리가 사는 중위도 지역은 **편서풍**偏西風 westerlies 지역이다. 황사가 부는 원리와 같다. 이 때문에 우리는 중국에서 날라 오는 대기오염 물질들을 그대로 받아야 하는 것이다. 과거에도 영국 산업혁명 시절에 생성된 대기오염 물질이 편서풍을 타고 이동해, 애꿎은 동유럽 국가들만 피해를 봤다.

대륙 동부에 위치해 온갖 오염물질을 받아야 하는 우리나라 입장에서, 편서풍이란 미국에 갈 때 비행기가 강한 편서풍인 제트기류를 타고 빨리 날아간다는 장점밖에 없는 듯하다. 그런데 미국에서 한국으로 올 때는 제트기류를 피해서 가야 하니 상쇄되는 장점일지도 모르겠다. 인천에서 LA로 가는 비행시간은 11시간인데, LA에서 인천으로 오는 비행시간은 13시간 20분이다. 바람의 위력이 얼마나 큰지 수치로 실감할 수 있다.

마지막으로 고위도에는 **극동풍**極東風 polar easterlies이 부는데, 편서풍에 비하면 미미한 수준이다. 다만, 극지점에 가까워질수록 바람의 세기는 조금씩 세진다.

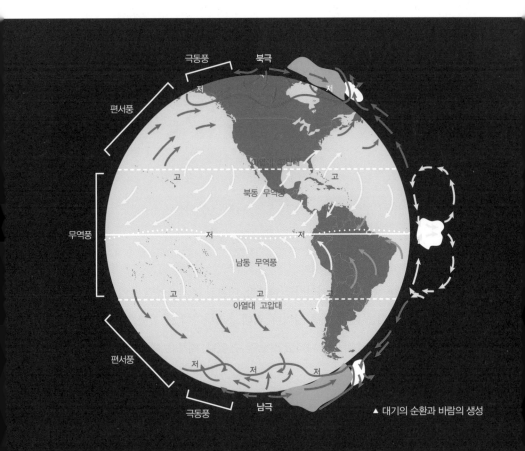

▲ 대기의 순환과 바람의 생성

우리나라에는 사실 편서풍을 상쇄할 수 있는 거대한 바람의 흐름이 있다. 바로 계절풍이다. 다른말로 몬순monsoon 이라고도 불린다. 계절풍이라는 이름이 붙은 이유는 계절에 따라 바람의 방향이 바뀌기 때문이다. 여름에는 태평양에서 태풍이 올라오는데, 겨울에는 시베리아에서 북풍이 불지 않았던가. 이는 대륙과 해양의 비열 차이에서 나온다. 여름이 되면 육지는 제대로 달아올랐는데, 겨울이 되면 매우 차갑게 식어버리니까. 들쭉날쭉한 온도 변화에 맞춰 바람의 방향도 변한다. 심지어 우리나라가 있는 유라시아 대륙은 세계에서 가장 큰 대륙이다. 그러니 계절풍이 더욱 신나서 날뛸 수밖에.

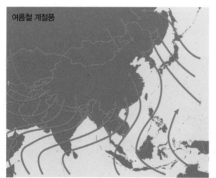 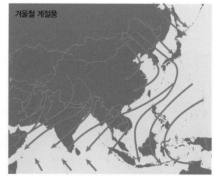

▲ 동남부 아시아에 부는 계절풍

같지만 다른 이름, 태풍

마지막으로 태풍 颱風 typhoon 이야기를 해보자. 여름과 초가을이면 주기적으로 나타나 우리를 긴장시키는 존재, 태풍 말이다. 역대 우리나라에 큰 피해를 준 태풍 리스트를 보면 7~9월에 집중적으로 나타났음을 알 수 있다. 태풍은 왜 여름에만 올까?

사실 태풍은 여름에만 만들어지진 않는다. 태풍이 만들어지려면 높은 해수면 온도와 바람이 필요한데, 이 말은 즉 겨울에도 따뜻한 적도 인근에서는 매번 만들어질 수 있다는 얘기다. 실제로 필리핀에서는 겨울에도 큰 태풍 피해를 보기도 한다. 하지만 그렇게 만들어진 태풍은 우리나라까지 올 수 없다. 차가운 북풍을 만나서 중간에 소멸해버리기 때문이다.

태풍은 열대 이동성 저기압을 일컫는 명칭 중 하나로, 발생 지역에 따른 이름일 뿐이지 현상에 대한 정확한 명칭은 아니다. 북태평양 남서부에서 만들어진 폭풍우가 동아시아 방향으로 불어온다면 그게 바로 태풍인 것이다.

재산피해 순위

(통계기간 : 1904~2018년)

순위	발생일	태풍명	재산 피해액 (억원)
1위	2002.8.30.~9.1.	루사(RUSA)	51,479
2위	2003.9.12.~9.13.	매미(MAEMI)	42,225
3위	2006.7.9.~7.29.	에위니아(EWINIAR)	18,344
4위	1999.7.23.~8.4.	올가(OLGA)	10,490
5위	2012.8.25.~8.30.	볼라벤(BOLAVEN)	6,365
		덴빈(TEMBIN)	
6위	1995.8.19.~8.30.	재니스(JANIS)	4,563
7위	1987.7.15.~7.16.	셀마(THELMA)	3,913
8위	2012.9.15.~9.17.	산바(SANBA)	3,657
9위	1998.9.29.~10.1.	예니(YANNI)	2,749
10위	2000.8.23.~9.1.	쁘라삐룬(PRAPIROON)	2,520

출처: 기상청(www.weather.go.kr)

다른 열대 이동성 저기압에는 무엇이 있을까? 허리케인hurricane은 북대서양에서 만들어진 녀석이다. 멕시코만과 카리브해를 싹쓸이해가는 폭풍우로 악명이 높다. 허리케인과 함께 익숙한 이름인 사이클론cyclone은 인도양에서 만들어진 열대 이동성 저기압이다. 태풍과 허리케인보다는 규모가 작은 편이지만, 여름 계절풍과 만나 방글라데시나 아삼 지방에 큰 피해를 일으킨다. 벵골만에는 여름 계절풍과 바람받이 사면의 영향에 이어 사이클론까지 덮친다니. 이곳은 마치 비를 뿌리라고 지구에서 의도적으로 만든 지역인 것처럼 홍수 피해가 끊이질 않는다.

　인도양이나 남태평양에서 형성되어 호주와 뉴질랜드 북부로 이동하는 **윌리윌리** willy-willy라는 이름의 폭풍우도 있는데, 이는 사이클론에 포함된다. 당연히, 윌리윌리는 남반구의 여름에 해당하는 11~2월에 발생한다.

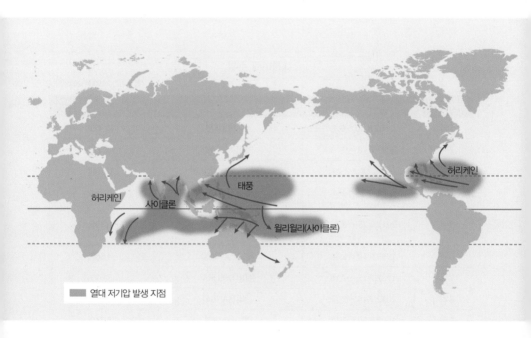

열대 저기압 발생 지점

일교차와
연교차

초봄이 오면 극심한 일교차 때문에 감기에 걸려 훌쩍거린 기억이 다들 한 번쯤은 있을 것이다. 아침에는 춥고 낮에는 더우니, 날씨를 가늠하지 못해 덥다춥다를 반복하다 쉽게 감기에 걸려 버린다. 하지만 일교차보다 더 무서운 건 연교차다. 겨울에는 -20℃까지도 내려가 '롱패딩은 패션이 아닌 이동 수단'이라는 말이 나올 정도고, 여름에는 40℃까지도 육박해 아스팔트 위에 던져진 달걀프라이가 된 기분이다. 매 계절마다 옷장에 옷을 바꿔 진열하느라 한국인들은 늘 바쁘다. 우리에겐 너무나 당연한 풍경이다. 그런데, 지구상에는 연교차보다 일교차가 큰 지역도 있다.

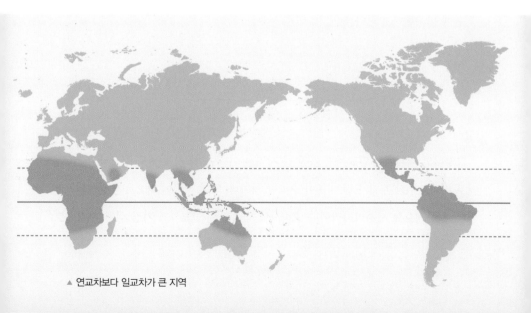

▲ 연교차보다 일교차가 큰 지역

북회귀선과 남회귀선 사이에 위치한 열대, 아열대 지역은 연교차보다 일교차가 더 크다. 일교차가 크다기보다는 연교차가 엄청 작기 때문에 이런 결과가 나온다. 일 년 내내 여름과 비슷한 기후로 계절의 변화가 거의 없는 곳이니까.

일교차는 어떻게 생길까?

일교차는 '하루 동안의 최고기온과 최저기온의 차이'다. 해가 떠 있는 동안 땅이 서서히 달구어져 보통 오후 3시쯤에 가장 높은 기온을 기록하고, 해가 져서 땅의 기온이 한참 떨어진 새벽이 가장 춥다.

일교차는 비열의 차이에 큰 영향을 받는다. 해안가보다 내륙의 일교차가 크고, 건조한 날이 습도가 높은 날보다 일교차가 크다. 치솟은 습도 덕에 불쾌지수가 높은 한여름 밤이면 기온이 떨어지지 않아 잠을 뒤척인 적이 있지 않던가. 이처럼 습할수록 기온은 잘 변하지 않는다.

그러나 사실 우리나라에서는 겨울보다 봄의 일교차가 크다. 일조량이 증가해 낮 기온은 오르는 반면 밤에는 땅에서 다시 찬 기운이 올라오기 때문이다. 게다가 봄에는 겨우내 건조해진 공기가 그대로 남아있다. 때문에 1년 중 산불의 60%가 사계절 중 봄에 발생한다고 한다.

일교차가 가장 심한 지역은?

그렇다면 세계에서 일교차가 가장 큰 지역은 어디일까? 첫 번째로 건조하고, 두 번째로 바다로부터 거리가 먼 내륙이어야 할 것이다. 몇몇 지역이 떠오르지 않는가? 그렇다. 일반적으로 사하라사막이나 고비사막 한복판을 일교차가 가장 심한 지역으로 꼽는다. 사하라는 낮에 40℃ 대의 기온을 유지하다 밤이 되면 10℃ 대로 뚝 떨어지고, 어떨 때는 영하로 떨어져 눈이 오기도 한다. 하지만 일교차 세계기록 1위를 거머쥔 곳은 미국 북부에 위치한 몬태나주의 로마Loma 다. 1916년 겨울 새벽에 -48.9℃를 기록하고 낮 기온은 6.7℃를 기록하며 무려 55.6℃의 일교차를 보였다.

▲ 일교차가 매우 큰 사하라사막의 내륙

▲ 세계 최고의 일교차를 기록한
몬태나주의 작은 도시 로마(Loma)
출처: flickr (https://www.flickr.com, Loma Montana,
Oct 2010, by Pattys-photos)

연교차는 얼마만큼 커질 수 있을까?

연교차는 '일 년 중 월평균 기온이 가장 높은 달과 가장 낮은 달과의 차'를 뜻한다. 일 년 중 최고기온과 최저기온의 차가 아니라는 점에 주의해야 한다. 서울의 연교차가 30℃ 정도라는 사실에 '그것밖에 안 될 리가 없는데?'라고 생각하겠지만, 이는 다시 말하지만 월평균기온의 차이기 때문에 그렇다. 우리나라의 경우 연교차란 8월의 평균기온과 1월의 평균기온의 차를 뜻한다. 우리나라도 연교차가 워낙 큰 나라긴 하지만, 그렇다고 연교차의 개념을 착각해 우리나라가 세계 최고로 덥고 춥다는 설레발은 치면 아니 된다는 뜻이다.

연교차가 많이 나기 위한 조건은 다음과 같다. 해안보다는 내륙에 위치해야 하고,

저위도보다는 고위도에 있어야 하며, 대륙 서안보다는 동안에 있어야 한다. 연교차가 거의 없다면 대체로 계절 변화가 없는 적도 부근에 속한다.

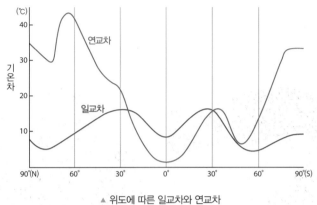

▲ 위도에 따른 일교차와 연교차

연교차가 극심한 곳으로는 유라시아 동부 내륙 지역을 꼽을 수 있다. 세계에서 가장 큰 대륙의 동안에 위치해있고, 그것도 고위도에 내륙 지역이라는 조건까지 만나니 엄청난 연교차가 탄생한다. 그렇다면 연교차 1위의 기록을 가진 도시를 만나보자. 바로 시베리아 북동부에 위치한 '베르호얀스크Verkhoyansk'다. 1월 평균기온이 -46℃, 7월 평균기온이 16℃로 연교차가 무려 60℃에 달한다. 이 도시의 최고기온과 최저기온의 차로 계산해보면 더욱 어마어마하다. 1988년에는 37.3℃라는 최고기온을, 1892년에는 -67.8℃라는 최저기온을 기록한 적 있어 기록에서 기록을 빼면 약 105℃라는 기함할만한 숫자가 나온다*. 게다가 베르호얀스크는 사람이 사는 지역 중 가장 추운 마을로 손꼽힌다.

하지만 베르호얀스크의 최저기온 기록을 능가하는 도시가 하나 더 있으니, 바

---

* 기네스가 인정한 세계 최고 / 최저 기록은 다음과 같다.
  미국 데스밸리 56.7℃(1913년) / 남극 러시아 보스토크 기지 -89.2 ℃(1983년)

로 옆 마을 오이먀콘Oimyakon이다. 1926년 1월 26일에 −71.2℃라는 기록을 낸 것이다[••]. 이로써 오이먀콘은 세계에서 가장 추운 마을이 되어, 이곳에 가면 그날의 최저 기온이 기록된 추위 인증서를 준다고 한다. 아주 특별한 여행을 원한다면, 용기를 내서 오이먀콘으로 가보자. 용기를 아주 많이 내야하는 게 함정이지만.

▲ 세계에서 가장 연교차가 큰 마을 베르호얀스크

[••] 이는 비공식 기록으로 공식 기록은 베르호얀스크와 비슷하다.

얼음의 바다,
북극

알고 보면 이웃나라

세계지도만 보면 쉽게 잊어버리는 사실이 있다. 지구는 평면이 아니라 동그란 구라는 사실이다. 그럼 시선을 돌려 북극으로 가볼까. 북극점을 중심으로 세계지도를 다시 펼쳐보자. 시베리아와 그린란드는 참으로 멀어 보이지만, 사실은 북극해만 한 번 건너면 되는 가까운 사이다. 멀고 멀게 보이던 북극해 나라들이 모두 이웃 나라가 되었다. 북극을 중심으로 세계를 펼쳐보면 세계지도가 낯설게 다가온다.

북극권의 범위

북극권은 북위 66° 33′보다 고위도 지역을 뜻한다. 북극해를 중심으로 유라시아, 북아메리카 대륙의 고위도 지역이 포함되고, 그린란드의 대부분도 이에 속한다. 생태학적으로는 나무와 풀이 살 수 있는 수목한계선을 기준으로 북극권의 경계를 정할 수도 있다. 아이슬란드 또한 이러한 연유로 사실상의 북극권으로 포함할 때도 있다*.

수목한계선을 기준으로 한 북극권은 보통 여름철 평균 기온이 10℃ 이하인 지역을 가리킨다. 이러한 기후를 툰드라 기후라고 하는데, 식물이라곤 이끼류 외엔 만나보기 힘들지만 짧은 여름 동안 작은 풀과 들꽃이 온 들판을 싱그럽게 만든다. 그러나 겨울철인 1월 평균기온은 보통 -40℃에서 -30℃ 사이를 찍는다. 또한 극 고압대에 위치해서 강수량도 사막지대보다 적다. 고로 보기와는 달리 세계에서 가장 건조한 지역 중 하나다.

북극에서 살아남기

시베리아, 알래스카**, 캐나다 북부 땅은 대부분이 영구동토층이다. 일년 내내 땅이 녹지 않는 이곳에서 사는 사람들은 집을 지을 때, 땅속 깊숙이 철심을 박고 지면에서 집을 띄워 짓는 경우가 많다. 여름이 되면 땅이 녹으면서 지반이 약해져 집이 무너질

▲ 극지방의 고상식 가옥

가능성이 있기 때문이다. 겨울에도 집 바닥으로 열기가 나가면서 땅이 녹을 우려가 있다. 열대우림에서나 보던 고상식 가옥이 극지방에도 있다니, 세계지리는 알수록 신기하다.

• 아이슬란드와 그린란드는 서로에게 맞지 않는 이름을 가지고 있는 듯하다. 아이슬란드는 의외로 푸릇푸릇하고, 그린란드는 얼음의 땅이니까.

•• 알래스카의 빙하는 이상하게도 남부에 더 집중되어 있다. 왜일까? 거대한 빙하가 형성되려면 일정 수준의 강수량이 확보가 되어야 하는데, 극 고압대의 알래스카 북부보다 고위도 저압대에 가까운 알래스카 남부에 강수량이 집중되기 때문이다!

북극 하면 떠오르는 이미지 중 하나로 얼음집 이글루가 있다. 북극권에서는 농사를 짓는 것이 불가능해서 이누이트°는 전통적으로 생선과 고래, 물개 등을 사냥하고 순록을 키우며 살았는데, 이들이 사냥을 나갔을 때 잠시 쓰던 임시 가옥을 이글루라 부른다. 얼음처럼 단단해진 눈을 골라서 50cm가량의 얼음 블록을 만든 뒤 동그랗게 쌓아 짓는다. 출입구로 낮은 터널을 만들어 사용했고, 환기를 위한 구멍까지 냈는데 이렇게 지은 이글루는 무려 -50℃의 환경 속에서도 실내 생활이 가능하단다. 하지만 현대 극지방 사람들은 대부분 서구인의 삶의 방식에 영향을 받아 보온이 잘되는 현대식 건물에 살고 있다.

북극해의 얼음이 녹는다면?

북극해는 오대양 중에 가장 작은 대양으로 해수면 일부는 얼음으로 뒤덮여 일 년 내내 녹지 않는다. 그러나 최근 지구온난화로 이 얼음판이 녹고 있다.

북극은 전 세계 어느 곳보다도 인간의 생태계 파괴를 뼈저리게 느끼고 있다. 북극해에는 풍부한 플랑크톤이 있어 이를 먹이로 수많은 물고기와 바다 생물들이 살아왔고 최고의 포식자로 북극곰이 얼음 위에서 생태계 균형을 유지해왔다. 그러나 얼음이 녹아내리자 북극곰이 살 곳이 사라지며 생태계는 빠르게 파괴되고 있다.

그럼에도 북극해 인근 국가들은 새로운 경제적 이득을 노리고 있기도 하다. 바로 북극해의 얼음이 녹으면서 열리는 북극의 바닷길이다. 이 항로는 원래 여름에만 잠깐 열리던 길이지만 지금처럼 지구온난화가 가속된다면 바닷길이 항상 열리는 것은

• 항간에는 '에스키모'가 '날고기를 먹는 사람'이라는 뜻이기 때문에 야만적이라고 비하하는 의도가 담겼다는 의견이 있다. 그러나 추측일 뿐, 정확한 어원은 밝혀지지 않았다. 반면 '이누이트'는 이누이트어로 '사람'이라는 뜻이다. 고로 캐나다와 그린란드의 이누이트인들은 에스키모라는 호칭을 차별적 호칭으로 받아들여 자신들을 이누이트라고 불러주기를 원한다. 하지만 이누이트는 북극 주변에 사는 모든 사람을 총칭할 수 없는 실정이다. 알래스카 서부와 시베리아 북부에서는 이누이트어를 사용하고 있지 않기 때문에, 이들은 오히려 이누이트라고 불릴 때 부정적으로 받아들인다.

시간문제다. 어쩌면 미래에는 우리나라에서 유럽으로 가는 화물선이 수에즈 운하가 아닌 북극항로를 통해 다니지 않을까? 솔깃하지만 그래도, 기후위기로부터 지구를 지키는 것이 우선임을 잊지 말자.

극지방의 신비로운 현상들

북극과 남극 모두에서 나타나는 백야 현상과 극야 현상은 극지방을 더욱더 신비롭게 만든다. 이는 66.5°보다 고위도에 위치한 지역에서 발생하는 현상으로 여름에는 태양이 하루 종일 지평선 위에 떠 있는 백야 현상이, 겨울에는 태양이 하루 종일 보이지 않는 극야 현상이 나타난다. 이는 지구의 회전축이 23.5°의 각도로 기울어져 있기 때문이다. 지구가 아무리 자전을 해도 여름에는 태양이 항상 보이고, 겨울에는 태양이 전혀 보이지 않는 것이다.

▲ 노르웨이의 백야 현상

▲ 한겨울 노르웨이 트롬쇠의 오후 2시

백야와 극야 현상이 나타나는 원리

고위도로 갈수록 여름철에 해가 떠 있는 시간이 길어지는 것은 이미 알고 있을 것

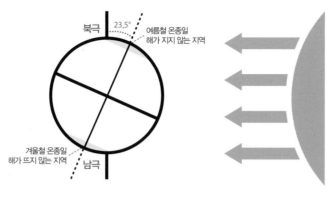

▲ 백야와 극야 현상이 나타나는 원리

이다. 위도 48.5° 이상인 지역에서는 늦은 밤까지 빛이 남아있는 현상을 백야라고 부르기도 한다. 하지만 북극권으로 가게 되면 진정한 백야가 나타나 여름철이면 하루 종일 해가 지지 않는다. 극점에 달하면 백야 현상이 6개월 동안 지속되기도 한다. 하루 종일 해가 밝으면 어떻게 지내나 싶지만, 빛이 어스름한 상태로 하루 종일 해가 떠있기 때문에 그렇게까지 불편하지는 않단다. 잠을 청할 때는 암막 커튼을 치면 된다고 한다.

반대로 극야 현상은 같은 지역에서 겨울 동안 해가 뜨지 않는 현상을 뜻한다. 명칭이 흑야가 아닌 극야인 이유는 밤이 극단적으로 길기 때문이다. 극점에 가까워질수록 완전한 극야 현상이 나타나지만, 대부분의 북극권 도시에서는 백야와 마찬가지로 아주 한밤처럼 새까만 밤이라기보다는, 태양은 없지만 해질녘 같은 어스름한 분위기가 종일 이어진다.

참고로 오로라를 보기 위해 북극권으로 여행을 떠나는 사람들도 많은데, 오로라는 위도 60~80°에서 넓게 나타난다. 오히려 위도 80°를 넘으면 보기 어렵다고 하니, 극지방으로 갈수록 오로라가 선명하게 보일 것이라는 추측은 잘못됐다. 참고로 남극권에서도 오로라 현상을 똑같이 관측할 수 있다. 하지만 남반구는 대부분 바다이기 때문에 오로라를 보러 가기에는 마땅찮게 여겨질 것이다.

비밀의 대륙, 남극

제7의 대륙, 남극. 지구상에서 가장 낯선 미지의 대륙이자, 인간이 살지 않는 유일한 대륙이다. 남극권은 남위 66° 33′ 이상인 지역으로 남극 대륙과 그 주위의 섬들, 떠다니는 빙하 모두를 지칭한다. 남극 면적은 1,400만km²로 무려 유럽과 오세아니아 대륙보다 큰, 세계에서 다섯 번째로 거대한 대륙이다. 중국의 1.5배라고 하면 조금 더 감이 올지도 모르겠다. 하지만 남극 대륙의 대부분은 오랜 세월 축적된 커다란 얼음 덩어리와 눈으로 덮여 있다. 맨땅이 드러나 있는 부분은 고작 남극 땅의 1~2%뿐이라고 하니 남극 대륙을 덮고 있는 이 얼음덩어리의 존재는 정말로 어마무시하다.

얼음 아래에는 어떤 세계가 펼쳐져 있을까

남극 대륙은 수천만 년 동안 쌓인 얼음의 무게 때문에 대부분이 해수면 아래에 잠겨있다. 실제로 빙상을 제외한 남극 대륙의 평균 고도는 해저 150m로, 땅이 얼음의 무게에 눌려 600m 정도는 내려앉은 것이 아닌가 하는 추측이 있다. 만약에 남극 대륙에 있는 얼음이 모두 녹는다면 어떨까? 땅이 융기해서 크고 작은 섬들이 생기며 평균 고도 700~800m의 고원이 될 것이라고 한다.

재미있는 부분은 아무리 얼음이 쌓여있다 해도 남극은 대륙이라는 점이다. 그 커다란 얼음 밑에는 산이 있고 계곡이 있고 호수도 있고 심지어는 화산까지 있단다. 보스토크호라고 이름 붙여진 한 호수는 1.4만km²라는 거대한 규모를 자랑한다. 이는 경기도의 면적보다도 크다. 더욱더 놀라운 것은 4,000m가 넘는 얼음 밑에 파묻혀 있는데도, 호수물이 얼지 않고 액체 상태로 존재한다.

남극의 신비는 여기서 끝이 아니다. 남극반도 끝에는 칼데라형 화산섬인 디셉션섬이 있는데, 1967년에 실제로 화산이 폭발했다. 그 후 지금까지도 온천수가 샘솟아 남극에서 온천욕 하기는 불가능한 이야기가 아니다. 실제로 관광코스로 개발되기도 했다니, 버킷리스트에 '남극에서 온천욕하기'를 올릴 사람은 한번 넣어 보자.

사하라사막보다 건조한 사막이 남극에 있다고?

남극 대륙에서 얼음 없이 대지의 표면이 드러나 있는 무빙無氷 지대가 있다. 남극의 사막이라고 불리는 이곳은 '드라이밸리 Dry Valleys'라는 이름을 가졌다. 삭막한 이름만큼이나 대단한 스펙을 가지고 있는데, 연간 강수량이 고작 수 밀리미터에 불과하다. 비는 최소 200만 년 동안 오지 않았던 것으로 추정되며 그 코딱지만도 못한 강수량조차 눈발이 조금 날렸을 뿐이다. 하지만 그 눈발조차도 엄청난 강풍으로 인해 다 쓸려 사라져 버린다고. 사하라보다도 더 건조한 이곳은 물이 없어서 얼지도 못한다는 이야기가 있다. 어찌나 건조한지 3천 년 전에 죽은 물개가 온전한 미라로 발견된 적도 있다고 한다. 현재 이곳의 평균 기온은 −20℃. 얼어붙은 호수와 말라붙은 하천과 메마른 땅뿐이다. 작은 곤충 몇 종과 이끼만 돌에 붙어 겨우 살아가고 있단다.

▲ 드라이밸리

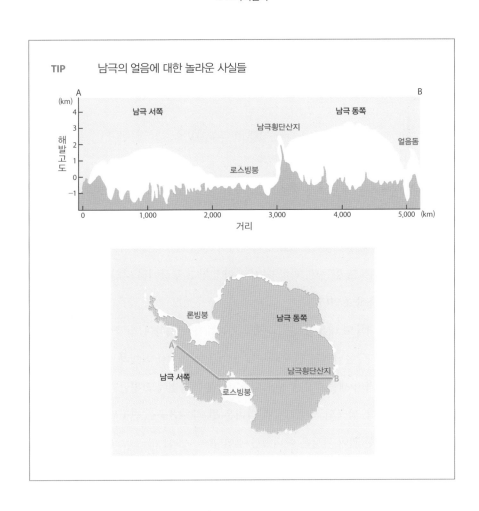

· 남극의 얼음덩어리는 지구 전체 빙하 면적의 86%를 차지한다.

· 얼음의 평균 두께는 무려 1,600m다. 가장 두꺼운 얼음 면적은 무려 4,776m에 이르는데, 이는 유럽최고봉인 몽블랑산(4,808m)과 맞먹는다.

· 남극횡단산맥의 서쪽은 평균 고도가 해저 440m이지만 해저 1,000m보다 낮은 곳도 있다. 하지만 이 위에 평균 1,780m의 얼음이 쌓여있다. 산맥의 동쪽은 평균 해발이 14m밖에 되지 않지만, 얼음의 평균 두께는 2,630m다.

· 남극 대륙에서 가장 낮은 지점은 벤틀리 서브글레이션 트렌치로 해저 2,538m라는 엄청난 깊이를 자랑하는데, 그 위는 모두 얼음으로 덮여 있다.

· 남극 대륙에서 가장 높은 지역은 빈슨메시프산으로 4,892m의 해발고도를 자랑한다.

남극은 얼마나 추울까?

남극은 세계에서 가장 추운 곳이다. 남극의 전체 평균 기온은 -30℃이며, 겨울인 7월엔 -70℃까지 내려간다. 지구상에서 측정된 가장 추운 기록 또한 남극이 보유하고 있다. 1983년 7월 보스토크 기지에서 관측된 -89.2℃다. 비공식적으로는 -90℃가 넘는 기록도 있는데, 과학자들은 -98℃가 지구상에서 나타날 수 있는 가장 낮은 온도로 예측하고 있단다.

그러나 남극 대륙도 대륙인지라 다양한 기온대가 존재한다. 남극반도처럼 비교적 저위도인 곳은 지구온난화로 인해 최근 최고기온이 20℃에 육박해 충격을 안겨주기도 했다. 우리나라의 세종기지가 있는 킹조지섬은 겨울철에도 평균기온이 -5℃ 정도로 온화한 편이다. 남극의 세종기지에 다녀온 한 극지연구소 연구원이 남극보다 한국이 더 춥다고 한 것이 과장은 아니었던 것이다.

이원영
@gentoo210

드디어 한국에 왔다.
남극보다 한국이 훨씬 더 춥다. 진짜로.
남극 보내줘.

2018년 01월 31일 · 1:35 오후

11.7K 리트윗   **2,720** 마음에 들어요

남극의 얼음 이야기

▲ 남극 주변의 겨울철 해빙. 어마어마한 규모를 자랑한다.

남극의 겨울은 독하다. 이 시기는 해빙海氷 현상이 일어나 남극 대륙 주위의 해수면까지 커다란 얼음으로 덮여버린다. 때문에 남극해 위를 걸어갈 수 있다. 하지만 해수면만 얼어버리는 것뿐이라서 바다 아래서는 물고기들이 언제나처럼 자유롭게 헤엄을 치고 있을 것이다.

TIP   빙하와 빙산의 차이

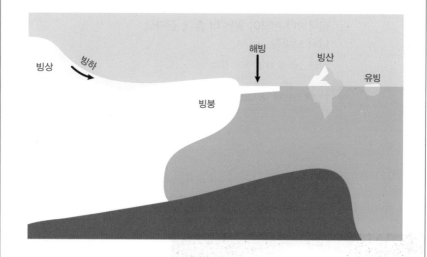

· 빙하(glacier) : 중력에 의해 흘러가고 있는 얼음층 또는 그 현상. 지구 담수의 총 68% 지분율을 가지고 있다. 빙하는 다시 빙상, 빙붕으로 구분된다.

· 빙상(ice sheet) : 얼음이 수만km² 면적으로 쌓여 있는 거대한 층. 남극 대륙 위에 얹혀있는 얼음 덩어리를 빙상이라 부른다. 남극 빙상은 지구 담수의 무려 60%의 지분을 가지고 있다. 이것이 다 녹으면 지구의 해수면이 60m나 높아진다고 한다.

· 빙붕(ice shelf) : 남극 대륙을 뒤덮은 얼음이 빙하를 타고 내려와 바다로 퍼지며 평평하게 얼어붙은 것.

· 해빙(sea ice) : 바닷물이 어는 것. 겨울에는 남극 대륙 주변으로 커다란 해빙 현상이 일어난다.

· 빙산(iceberg) : 물에 떠 있는 얼음조각으로 물 위로 보이는 높이가 최소 5m가 넘어야 한다. 이렇게 떠다니는 빙산을 표류 빙산이라 하는데, 역사상 가장 큰 빙산 B-15는 11,000km²로 서울의 무려 18배나 되는 크기였다. 빙산은 보통 바다를 표류하는 무국적선으로 취급한다.

· 유빙(floating ice) : 물에 떠 있는 5m 이하의 얼음조각을 지칭한다.

남극의 과학기지

남극의 인구는 몇 명일까? 정답은 0명이다. 왜냐하면 도시도 없고 상주인구도 없기 때문이다. 남극에서는 그저 남극조약에 가입한 나라에서 과학기지를 세워 연구하고 있을 뿐이다.

1959년 남극을 평화적으로 이용하기 위한 남극조약이 만들어졌다. 남극은 현재 그 누구의 소유도 아니며, 광물 자원을 채취할 권한 또한 누구도 가지고 있지 않다. 우리나라는 1986년에 남극조약에 가입하면서 남극반도 끝에 있는 킹조지섬 바턴반도에 세종과학기지를 건설했다. 그리고 2014년에는 대륙 본토인 테라노바만에 장보고 과학기지를 건설했다.

남극이 북극보다 더 추운 이유

같은 극지방인데 남극이 북극보다 더 추운 이유는 무엇일까? 우주에서 북극과 남극을 보면 둘 다 같은 얼음덩어리로만 보일지도 모르겠다. 하지만 북극은 바다고 남극은 대륙이기 때문에 근본부터가 다르다. 비열의 차이로 인해 남극이 훨씬 추울 수밖에 없는 것이다. 게다가 남극 대륙은 두꺼운 얼음으로 덮여있어 해발고도까지 높다. 눈과 얼음은 햇빛의 대부분을 반사해 조금이나마 도달하는 햇빛을 내팽개치기까지 한다. 여러모로 남극이 더 추울 수밖에 없다.

바다에
색깔이 있다고?

홍해

홍해紅海 Red Sea라는 이름만 들으면, 피로 물든 전장의 바다 같은 기분이 든다. 하지만 실제로 홍해는 투명한 바다색이다. 그런데 어쩌다 붉은 바다라는 이름을 가지게 되었을까? 여러 가지 학설이 있지만, 홍해가 붉은 색으로 보일 때가 없진 않단다.

홍해가 다이버들의 성지인 만큼 바닷속에 붉은 산호초가 많은데, 이 붉은 산호초가 비치거나 죽어서 떠오르면 바다가 붉게 보인다는 것이다. 게다가 홍해는 세계에서 가장 따뜻한 바다기도 한데, 수온이 오르고 영양물질이 많아지면 플랑크톤이 증식하기 쉬워진다. 동물성 플랑크톤이 과하게 증식했을 때 적조 현상이 일어난다. 여러모로 홍해는 '빨강'이라는 컬러를 가져갈 만했던 듯하다.

흑해 黑海 Black Sea 는 홍해만큼이나 살벌한 이름을 가졌다. 검은 바다라니, 판타지 게임에서나 나올 법한 이름이다. 물론 홍해가 시뻘건 바다가 아니었던 것처럼 흑해도 새카만 바다가 아니므로 안심해도 좋다. 흑해는 보스포루스해협을 제외하면 사방이 육지인 내해나 다름없다. 그래서 종종 카스피해나 아랄해처럼 이름만 바다인 호수로 오인당하기도 한다. 흑해

가 검은 바다라는 이름을 얻게 된 원인이 바로 여기에 있다. 바닷물이 들어오고 나가는 순환이 힘든 구조기 때문에 흑해는 다른 바다에 비해 산소가 매우 부족하단다. 무려 흑해의 90%가 무산소 상태인데, 생물이 살기 어려워 곧잘 죽어버린다. 이렇게 죽은 박테리아가 쌓여 황화수소가 만들어지는데, 이것이 표면까지도 반사되어 까맣게 보일 때가 있단다. 게다가 '흑'이라는 색깔에는 거칠고 위험한 상태라는 의미가 담겨있기도 한데, 확실히 흑해 일대는 안개가 많이 끼고, 파도 또한 거친 편이다.

백해

'하얀 바다'라는 이름의 백해 白海 White Sea 도 있다. 홍해와 흑해는 조금 아리송하게 느껴졌더라도 백해는 그 이름에 누구나 수긍할 수밖에 없을 것이다. 러시아의 콜라반도 아래에 위치한 백해는 북극권에 있기 때문에, 여름을 제외하고는 대부분 꽁꽁

얼어있다. 그리고 얼어버린 바다 위에는 눈이 소복이 쌓인다. '하얀 바다'라는 이름이
제격인 곳이다.

황해

색깔 시리즈 바다 중에 우리에게 매우 친숙한 바다가 하나 남았다. 바로 '노란 바
다' 황해黃海 Yellow Sea 다. 우리나라에서는 흔히 서해라고 부르는 바다다. 우리에게 가
장 친숙한 황해는 신기하게도 정말로 바다색이 노랗다. '노란 강'이라는 이름을 가
진 황하에서 엄청난 양의 토사를 몰고 오는데 이는 황해를 노랗게 만든다. 위성사진
으로 보면 이를 더 확실히 느낄 수 있는데, 강어귀 부근이 유독 누런 것을 볼 수 있다.
한반도 쪽에서 황해로 흘려보내는 토사양도 적지 않다. 게다가 서해안은 갯벌이 발
달하여 펄과 바다가 모호한 경계를 이루고 있지 않던가.

2

사람이 만드는
세계지도

지금부터는 지도, 그 이상을 읽을 수 있는 힘을 길러보고자
한다. 지금껏 얄팍하게만 지도를 보아오진 않았는지. 지리를
확장하면 과학과 역사, 인문학을 모두 소화할 수 있다. 이제
부터는 세계지도 뒤에 숨겨진 이면을 알아보자. 지도로 당
신의 세계를 넓히는 순간이다.

세계지도
뒤집어 보기

지구는 공처럼 둥글지만 우리가 보는 지도는 평면인 경우가 많다. 이 과정에서 지도의 왜곡이 일어난다. 그로 인해 각 나라의 크기가 달라지기도 하는데, 이번 장에서는 지도에 숨겨진 교묘한 눈속임을 파헤쳐보자.

지구를 펼치는 방식, 메르카토르 도법

우리가 흔히 쓰고 있는 지도는 **메르카토르 도법**Mercator projection으로 만들어진 지도다. 대항해시대에 네덜란드의 지리학자 메르카토르가 사용한 지도 투영법이다. 경선의 간격을 고정하고, 위선의 간격을 조절해 만든 지도다. 방향과 각도의 정확성이 가장 큰 장점으로 꼽히며, 지금까지도 여러 방면의 지도에 유용하게 쓰이고 있다.

하지만 이 지도의 치명적인 단점은, 단연 면적의 왜곡이다. 고위도로 갈수록 축척과 면적이 끊임없이 확대되기 때문이다. 지구를 직사각형 안에 담다 보니, 위도 0°인 적도와 위도 90°인 극지방이 같은 직선거리로 표시된다. 어떤 지도에서는 아프리카 대륙의 14분의 1에 불과한 그린란드가 아프리카보다 크게 그려져 있을 정도니 엄청난 왜곡이 아닐 수 없다. 아무리 왜곡을 감안하고 본다 하더라도, 매번 보는 지도는 그것이 사실인 양 뇌리에 꽂히기 마련이다. 평평한 지도만 보다가 가끔 지구본을 들여다보면 깜짝 놀라곤 한다. 유럽이 이렇게나 작고, 아프리카가 이렇게나 컸다니. 지금 글을 읽는 당신도 지구본을, 하다못해 컴퓨터를 켜서 구글 지도라도 한번 들여다보면 어떨까*.

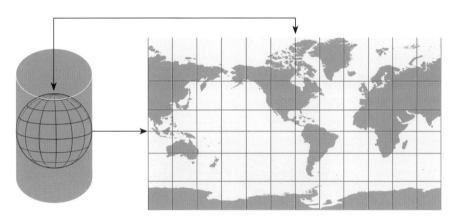

▲ 메르카토르 도법으로 만든 지도

유럽 사회는 예로부터 자신들의 우월한 위치를 굳건히 다지고자 했다. 지도는 그들의 가장 성공한 작업 중에 하나다. 왜냐고? 상대적으로 고위도에 위치한 유럽 땅은 비약적으로 크게 표현했고, 그들의 식민국이 될 아프리카나 중남미, 아시아의 땅은 줄여버리는데 성공했으니까! 운이 좋게 그들이 고위도에 위치했을 뿐이라고? 글쎄, 그들이 저위도에 위치한 나라였다면 다른 대안을 찾아 메르카토르 도법이 세계화되지 않았을지도 모르겠다.

---

* 현재 구글맵스는 3D 지구본 모드 서비스를 함께 제공하고 있다. 현재 PC에서만 설정이 가능하다.

메르카토르 도법처럼 각도에 중심을 맞춰 만든 지도를 '정각 도법' 혹은 '등각 도법' 지도라고 하며, 정각원추 도법, 평사 도법 등도 이에 포함된다.

메르카토르 도법의 왜곡이 싫다면, 다른 방식으로 지도를 표현할 수도 있지 않을까? 그렇다. 고위도의 면적 왜곡을 최소화시킬 수 있는 도법이 있다. '**정적도법** equal-area projection'이라고 부르는 방식인데, 면적의 왜곡을 없애는 데 초점을 맞춘 지도다. 하지만 정적도법에서도 정확하지 않다. 가장자리로 갈수록 각도가 왜곡되면서 형상이 일그러진다.

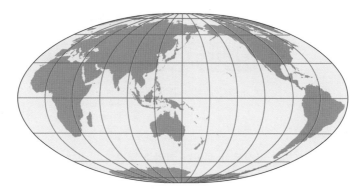

▲ 정적도법 중 하나인 몰바이데 도법. 이외에도 상송 도법, 에케르트 도법 등이 정적도법에 해당된다.

뭐 하나 마음에 쏙 드는 지도가 없다지만, 그래도 절충안을 찾아 끊임없이 연구하는 것이 지리학자들의 숙명이다. 우리나라 국토지리정보원에서 채택한 세계지도는 **로빈슨 도법** Robinson projection으로 만든 지도인데, 이는 메르카토르 도법보다는 면적의 왜곡이 덜하고 몰바이데 도법보다는 형상의 왜곡이 덜하다. 경선과 위선의 길이를 어느 정도 타협한 모양새다. 하지만 보기에 따라서는 면적과 형상을 모두 왜곡하기도 한다.

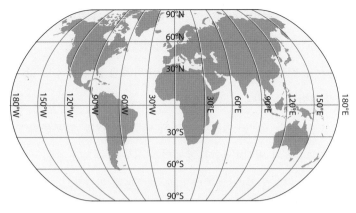

▲ 로빈슨 도법으로 만들어진 지도

지구(地球)가 아닌 수구(水球)

지구가 '푸른 별'이라는 애칭을 가진 이유는, 우주에서 내려다본 지구가 파랗기 때문일 것이다. 지구는 왜 파란가? 땅의 푸름도 있겠지만, 아무래도 바다 덕분이다.

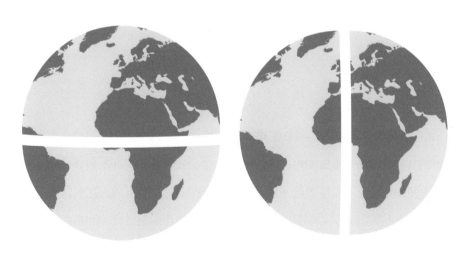

▲ 북반구와 남반구로 나눈 지구(左)와 동반구와 서반구로 나눈 지구(右)

지구 표면의 3분의 2 이상이 육지가 아닌 바다로 둘러싸여 있다. 그러니 사실상 지구 地球가 아닌 수구 水球라는 이름이 더 맞는 말일지도 모르겠다.

지구는 둥글기 때문에 남반구와 북반구 대신 다르게 잘라 볼 수도 있다. 본초자오선을 경계로 **동반구**Eastern Hemisphere와 **서반구**Western hemisphere로 잘라보자. 조금 더 색다른 지구를 볼 수 있다. 동반구에는 아메리카 대륙을 제외한 대부분의 대륙이 속해 있고, 서반구보다 육지 면적이 넓다. 문명의 역사도 오래되었으며, 국가의 수나 인구수도 서반구보다 훨씬 많다. 하지만 더욱 색다르게 지구를 잘라볼 수도 있지 않을까?

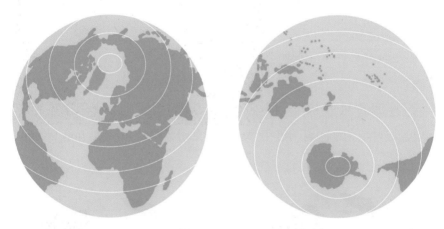

▲ 육반구(左)와 수반구(右)

프랑스 낭트를 중심으로 지구를 바라보면, 지구 전체 육지의 85%가량이 한눈에 보인단다. 반면 뉴질랜드 안티포디스 제도를 중심으로 한 반대편은 바다의 비율이 무려 90%에 달해 육지가 거의 보이지 않는다. 독일의 지형학자 펭크는 이러한 반구 모양에 **육반구**land hemisphere와 **수반구**water hemisphere라는 이름을 붙였다. 재미있는 사실은 육반구에서조차 육지보다 바다의 비율이 높다는 것이다. 바다의 면적을 더욱 생생하게 체감할 순 없냐고? 만약 지구본을 돌리다가 물로 꽉 찬 앞면을 만나고 싶다면,

태평양을 중심으로 잡아보자. 아무리 전 세계를 여행한 모험가라 할지라도 고작 지구의 3분의 1만 봤음을, 아직 3분의 2가 베일에 싸여있다는 사실이 다가올 것이다.

▲ 이 정도면 지구가 아니라 수구라고 불러야 하지 않을까?

세계지도에 드러나는 세계의 논리

　우리나라 아이들에게 산을 그리라고 하면 초록색 크레파스를 꺼내 색칠하지만, 네팔의 어린이들에게 산을 그리라고 하면 흰색 크레파스를 꺼내 든다고 한다. 누구에게나 어릴 적부터 산이라고 여겨왔던 것이 곧 자신이 생각하는 산이 된 것이다. 세계의 모습 또한 어릴 적부터 봐왔기에, 아무런 의심도 없이 '세계는 원래 이렇게 생겼다!'라고 생각했던 것은 아닐까. 나의 순진한 믿음에 가장 먼저 반기를 든 것은 바로 어릴 적 영어학원 벽에서 만난 영문지도였다.

▲ 태평양 중심 세계지도(左)와 대서양 중심 세계지도(右)

　아니, 평소에 보던 지도는 태평양이 한가운데에 있는데, 왜 영어학원에 있는 지도는 다르게 생겼지? 대서양 중심의 지도는 낯설게 다가왔다. 미국과 유럽이 가까워 보였고, 아프리카와 남아메리카가 퍼즐처럼 맞춰질 것 같았다. '최초의 대륙 판게아가 분리되어 어쩌고 저쩌고' 하며 얼핏 들었던 대륙이동설도 떠올랐다. 무엇보다 지구 오른쪽 구석에 박혀있는 한반도의 모습을 보며, 왜 서구인들이 우리를 보며 '동양'이라고 지칭했는지 느낌이 왔다고나 할까. 기존에 보아오던 태평양 중심의 지도에선 보이지 않던 것들이 보이기 시작했다.

영문지도가 대서양 중심으로 그려진 데에 그렇게 대단한 의미는 없을 것이다. 그저 자신을 세계의 중심으로 놓고 싶은 인간의 본능이었을 테다. 대서양 중심 지도를 보면, 마치 유럽이 세계의 중심이고 나머지는 세계의 변두리 같다. 우리나라도 마찬가지다. 우리나라를 세계의 중심으로 지도를 만들었을 뿐이다. 지도는 같은 모습을 하고 있지 않다. 지도에는 알게 모르게 세계 각국의 논리가 스며든다. 그러니 지도는, 당연하게도 객관적이지 않다.

지구는 둥그니까

태평양 중심의 지도와 대서양 중심의 지도, 좌우만 조금 비틀었을 뿐인데 전혀 다른 느낌의 지도가 탄생하는 것을 보았다. '원래 지도는 이렇다'라는 말은 틀릴 수밖에 없는 것이다. 지구가 둥글다는 것을 곰곰이 생각하면 끊임없이 궁금증이 물고 늘어진다. 좌우를 뒤집을 수 있다는 것은 위아래도 뒤집을 수 있다는 것이 아닐까? 애당초 거대한 우주에 위아래가 어디에 있겠는가. 둥근 지구에 동서남북이란 의미가 있는 것인가. 누군가가 지구의 위아래를 인위적으로 정했으니 지금의 지도가 된 것이 아니겠는가.

호주에서는 흔히 볼 수 있는 지도의 위아래를 뒤집어 호주를 세계의 중심으로 놓기도 한다. 이 지도는 굉장히 낯설게 다가온다. 지도의 남쪽에 아무리 많은 육지가 몰려 있댄도 커다란 대륙마저 세계의 변두리 같은 느낌을 준다. 어느 쪽이 위가 되고

▲ 호주를 중심으로 한 세계지도

어느 쪽이 아래가 될 것인가, 이에 사실은 정치적인 속셈이 있었을지도 모르겠다. 북반구가 위쪽이라는 것도 인위적인 우위일 뿐이다. 우리는 쉽게 차지한 것이 아닐까? 대다수의 육지가 있고, 지도 작업의 중심이 된 유럽 사회가 속해있는 북반구에 '우연히' 속해 있었기 때문에.

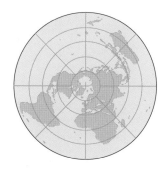

▲ 유엔(UN)기와 북극을 중심에 둔 정거방위 도법

지도의 위아래만 바꿀 수 있을까? 지구의 중심을 극지방으로 둘 수도 있지 않을까? 국제연합기에는 북극 중심의 정거방위 도법azimuthal equidistant projection •으로 만든 지도가 그려져 있다. 전 세계의 모든 국가를 평화롭게 넣고 싶다는 의지가 돋보인다.

• 지구상의 한 지점에서의 거리를 정확하게 나타낸 도법.

하지만 이 지도는 남극점으로 갈수록 왜곡이 심해지고, 남극 대륙은 포함되지 않았다. 군이 이러한 도법이 아니어도 북극을 중심으로 네모난 지도에 펼치는 것도 가능하다.

지금까지 봐온 지구가 완전히 새롭게 보인다. 이로써 지도는 자명한 무언가가 아닌 '인류의 작업물'이라는 사실을 확실히 알게 되었을 것이다. 이제 모든 것을 비꼬아 볼 준비가 되었다.

유럽과 아시아는 왜 다른 대륙일까?

우리는 첫 챕터에서 '오대양 육대주'가 무엇인지 생각해보았다. 결국 학자들 마음대로니 오대양 육대주에 크게 집착할 필요가 없으며, 군이 외우겠다면 '그냥 암기하면 된다'는 결론을 얻었지만 말이다. 그렇다면 '학자들은 왜 이와 같은 결론을 내렸을까?'에 대해 생각해볼 필요가 있다.

　앞서 가졌던 의문 몇 가지를 되새겨 보자. 유럽과 아시아가 왜 다른 대륙으로 분리되었으며, 어째서 유라시아라는 하나의 대륙이 아닌지. 이는 합당한 의문이다. 문화적 차이라면 몰라도, 지리적으로 유럽과 아시아는 완전히 같은 땅덩어리로 이어져 있으니 말이다.

　유럽 대륙의 면적은 고작 중국과 비슷하다. 그것도 유럽 면적의 40%를 차지하고 있는 러시아 땅을 포함해서 말이다. 지리적으로 보나 면적으로 보나 유럽대륙보다는 유럽반도가 더 적절한 단어로 보인다. 그런데도 유럽대륙이 될 수 있었던 이유는? 뻔하다. 현대 지리학을 유럽 사람들이 만들었기 때문이다. 유럽 사람들은 끊임없이 자신의 위상을 높이기 위해 노력해왔다. 당연히 자신들의 땅을 대륙으로 여기고 싶어했고, 결국 그들의 노력은 전 세계인이 보는 세계지도로 탄생했다.

　어떻게 보면 '유라시아'라는 말도 웃긴다. 광활한 아시아 땅에 조그마한 유럽이 붙어있을 뿐인데, 유라시아유럽+아시아 라니. 순서가 잘못된 것 같은데 말이다. 그러면 호주 땅은 왜 호주섬이 아닌 오세아니아 대륙이 되었을까? 유럽인들이 이주해간 땅이니까, 섬이 아니라 대륙으로 인정받기 쉬웠던 것이 아닐까?

지도가 세계의 중심을 만든다

　오랜 세월 동안 세계사의 주인공은 유럽이 아니었다. 인류의 역사는 아프리카와 아시아의 고대문명에서 출발했고, 페르시아나 중국은 오랜 역사 속에서 독자적인 문화를 꽃피우고 있었다. 하지만 서구세력이 권력을 잡고 세계를 식민지배하기 시작하면서 그들에게는 명분이 필요했을 것이다. 자신들의 위대함을 나타낼 무언가가 말이다. 콤플렉스와 같던 세계사를 그들의 입장에서 새로 쓰기 시작했고, 이 결과물은 안타깝게도 성공했다. 그들의 역사가 세계에서 통용되는 세계사가 된 것이다. 일종의 역사 왜곡이나 다름없다.

학창시절 배웠던 세계사 과목은, 이게 세계사인지 유럽사인지 알 수가 없을 정도였다. 고대 그리스 문명에서 시작해 제2차 세계대전까지 공부하고 나니 거의 일 년이 지나간 반면, 다른 지역의 역사는 잘 배운 기억이 없다. 요즘에서야 동아시아사 과목이 새로 생겼다고는 하지만, 세계사의 메인은 언제까지나 유럽의 역사이지 않았는가.

'신대륙 발견'이라는 단어에 의문을 가져본 적이 있었는지? 아메리카 대륙에는 토착민들이 이미 살고 있었는데 말이다. 그들은 토착민의 땅을 뺏고, 비유럽 출신들을 착취하고, 세계의 국경선을 엉망으로 만들면서 발전해왔다. 그리고 지금까지도 비슷한 방식으로 발전 중이다. 유럽인들의 작업물은 그들의 사고방식을 전 세계인들에게 주입하는 데 이용되어 왔다. 비록 식민시대는 끝이 났다지만, 정신적 식민지배는 아직도 진행 중일지도 모르겠다.

파리 테러2015.11.13. 소식엔 페이스북 유저들의 프로필이 프랑스 국기로 뒤덮이며 온 세계가 사고를 애도해주었으나, 비슷한 시기에 일어난 레바논 베이루트의 폭탄 테러2015.11.12.는 화제조차 되지 못했다. 사람 목숨에 경중이 있는 것도 아닌데 말이다. 약 300명의 사망자를 낸 스리랑카 폭탄테러2019.4.21.보다 사상자 한 명 없는 파리 노트르담 대성당의 화재2019.4.15. 소식이 더 이슈가 되기도 했다. 그러니 서구사회는 전 세계인들의 사고방식까지 서양유럽 중심으로 돌려놓는데 성공했다고 보아도 무방하지 않을까?

전 세계에는
얼마나 많은 나라가 있을까?

세계에 얼마나 많은 나라가 있는지 생각해 본 적이 있는가? 생각해 본 적이 있다 하더라도 정확한 숫자를 대기는 힘들 것이다. 왜냐하면 오대양 육대주의 정의가 학자마다 달랐듯이, 국가로서의 인정 여부를 판단하는 기준 또한 모호하기 때문이다. 표준국어대사전에 따르면 '국가'란 '일정한 영토와 거기에 사는 사람들로 구성되고, 주권主權 sovereignty에 의한 하나의 통치 조직을 가지고 있는 사회 집단'이라고 한다. 그리고 '국민·영토·주권의 삼요소를 필요로 한다'는 보충설명까지 있다. 국민, 영토는 그렇다 치고 이놈의 '주권'이 약간 말썽을 일으키는 듯하다.

각종 설만 난무하는 국가 수

세계 국가 개수는 193개국 설, 195개국 설, 196개국 설, 238개국 설, 242개국 설 등 각종 '설'만 난무할 뿐이다. 인정 주체에 따라 판단 기준이 다르기 때문이다. 그렇기 때문에 대략 약 200여개의 나라가 존재한다고 생각해두는 게 가장 편하다.

그중에서도 최근 가장 보편적으로 여겨지는 설(?)은 유엔UN에서 인정한 195개 국 설이다. 유엔에 가입한 국가는 193개국인데, 여기에 바티칸 시국과 팔레스타인을 더해 195개국이 된 것이다. 바티칸 시국과 팔레스타인은 유엔 옵서버 국가UN Observer State*의 지위를 인정받았기 때문이다. 하지만 195개국이라는 이야기도 곧 유엔만의 기준일 뿐이다. 전 세계가 깔끔하게 국가의 수를 통일해주면 좋겠지만, 세계의 논리란 그렇게 단순하지 못하다.

지도로 보는 내 편, 네 편

미국의 국가 인정 기준은 유엔과는 또 다른데, 동일한 193개의 국가에 바티칸 시국을 포함했으나, 팔레스타인이 아닌 코소보를 포함해 총 195개국을 국가로 인정하고 있다. 유엔과 달리 미국에서 팔레스타인이 인정받지 못하는 이유는? 뻔하다. 미국과 이스라엘이 손을 잡은 사이기 때문에, 팔레스타인을 국가로 인정하기 힘들었을 것이다. 반면 대만에 대해서는 2019년부터 독립 국가로 공식 인정하려는 움직임을 보이고 있다. 줄곧 중국의 눈치를 살피던 미국은 이제 '하나의 중국' 원칙과 거리를 두려 한다.

중국이라는 강대국과 이해관계가 얽혀있는 만큼, 대만은 국가로 인정받기 위한 길이 매우 험난하다. 옆에서 볼 때는 참 의아한 일이다 싶지만, 사실 옆 나라까지 갈 것도 없다. 우리나라 또한 북한을 국가로서 인정하니 마니에 대한 논란이 지금까지 계속되고 있다. 북한은 유엔 가입국으로서 엄연한 국가로 인정받고 있음에도, 우리나라에서만큼은 정치적 이해관계를 두고 북한 정권의 인정 논란이 지속되고 있다. 세계지도 속 한반도를 떠올려보자. 남북한이 사이좋은 한 나라, 이름은 대한민국이라고 표기된 지도를 떠올리진 않았는지. 그럼 이제 영문으로 된 세계지도를 떠올려볼

• 유엔에 정식 의석을 가지고 있진 않지만, 유엔 회의나 활동에 참여하고 있는 미가맹국.

까? S.KOREA와 N.KOREA로 명백히 분리된 지도가 떠오르진 않는가?

바티칸 시국, 팔레스타인, 대만의 존재는 빙산의 일각에 불과하다. 세계에는 정말 어디까지가 국가이고 아닌지 구분하기 힘든 곳들이 많다. 많은 협회에서 이를 쉽게 정의하지 못하는 이유가 있다. 이런 모호한 곳들을 함께 살펴보고자 한다.

독립국가냐 아니냐, 논란의 중심에 선 국가들

유고슬라비아라는 이름은 다들 들어보셨는지? 지구상에서 가장 요란한 20세기를 보낸 지역 중 하나일 것이며, 격동의 역사가 지금까지도 이어지는 지역이다. '유럽의 화약고'라는 별명이 괜히 있었던 게 아니다.

어릴 적 지리시간에 교과서에서 유고슬라비아라는 이름을 보았던 독자도, 아닌 독자들도 있을 것이다. 유고슬라비아는 1918년부터 1992년까지 존재했던 나라로, 종교와 민족이 크게 달라 수차례의 내전과 분쟁 끝에 쪼개지고 또 쪼개졌다. 현재는 여섯 개의 국가-슬로베니아, 크로아티아, 보스니아헤르체고비나, 세르비아, 몬테네그로, 북마케도니아-로 쪼개져 더는 지도상에서 볼 수 없는 국가가 되었다.

2006년, 유고슬라비아의 일부였던 세르비아몬테네그로가 세르비아와 몬테네그로로 분리되었는데, 이후 세르비아에 속해있던 코소보 또한 독립을 준비했다.

여기서 코소보라는 이름을 들어본 사람도 있을 것이고, 생소하게 느껴지는 사람도 있을 것이다. 알바니아계 시민이 대다수였던 코소보는 독립운동을 하며 민족갈등에서 비롯된 수차례의 잔인한 탄압을 견뎌야만 했다. 결국 코소보는 2008년 세르비아로부터 독립을 선언했고, 미국과 우리나라를 비롯해 유엔 회원국 중 99개국으로부터 독립국가 승인을 받은 것으로 추정된다. 하지만 99개국만으로는 부족했는지, 아쉽게도 아직까지 유엔의 정식 독립국가로는 인정받지 못했다. 지구상에는 코소보와 같이 국가인 듯 국가로 정식 승인받지 못한 곳이 몇 군데 있다. 영토분쟁지역을 포함해 이러한 곳은 지도상에 국경을 점선으로 표시한다.

서사하라도 점선 국경을 가진 곳 중 하나다. 이름처럼 사하라사막의 서쪽에 있으며 정식 명칭은 '사하라 아랍 민주 공화국'이다. 1976년에 독립을 선언하였으나, 아직도 전 세계에서 단 45개국만이 독립을 인정한 것으로 추정 된다. 우리나라는 아직 서사하라를 독립국가로 인정하지 않았다.

서사하라는 기존에 모로코의 통치를 받고 있던 곳이었으나, 19세기 말에 스페인이 모로코로부터 이곳을 빼앗아 통치하게 된다. 이후 스페인이 식민통치 권한을 잃으면서 북부는 모로코에 남부는 모리타니에 속하게 되었는데, 모리타니는 영유권 포기를 선언하였으나 모로코와는 분쟁이 지속중이다. 서사하라는 매우 메마른 땅으로 인구도 자원도 희박한 곳이지만, 모로코는 서사하라의 풍부한 인燐 indium 매장량과 대서양 해안선 확보라는 이유를 가지고 서사하라를 놓지 않고 있다. 모로코와 앙숙 지간인 알제리에서 서사하라의 독립운동가들을 열심히 지원하고 있다고 한다.

이번에는 비독립국에 대한 이야기를 해보고자 한다. 홍콩은 나라인가 아닌가? 이러한 의문을 가져본 적이 한 번쯤 있지 않은가? 표준국어대사전에 따르면 비독립국이란 '법적으로는 독립국이지만, 실제로는 정치나 경제·군사 면에서 다른 나라에 지배되고 있는 나라' 또는 '종주국의 국내법에 근거하여 외교 관계는 스스로 처리하고, 다른 부분은 종주국에 의하여 처리되는 나라'를 칭한다. 고로 어느 정도의 자치권을 행사하고 있으나, 독립국가로 인정하기 힘든 상태인 것이다.

"건지섬, 그린란드, 네덜란드령 앤틸리스제도, 뉴칼레도니아, 레위니옹섬, 마르티니크섬, 마카오, 맨섬, 몬트세라트섬, 버뮤다, 버진아일랜드, 북마리아나제도, 세인트크로이섬, 세인트토머스섬, 세인트헬레나, 스코틀랜드, 아루바, 앤틸리스, 앵귈라, 웨일스, 잉글랜드, 지브롤터, 체첸공화국, 카나리아제도, 카탈루냐, 케이만제도, 쿡제도, 팔레스타인, 페로스제도, 푀드섬, 푸에르토리코, 프랑스령 기아나, 프랑스령 폴리네시아, 홍콩. 헉헉…."

전 세계에는 위와 같이 34개 정도의 비독립국이 존재한다. 이 비독립국 중 일부는 올림픽에 별개의 국가로 출전하거나, FIFA에 가입되어 있기도 하다. 이해관계에 따라 실제로 독립운동을 펼치는 곳도 있고 아닌 곳도 있다. 그러니 국가로 인정하는 기준을 어디에 두냐에 따라 이들은 국가이기도 하고 아니기도 하다는 것이다.

자치령이 실시되고 있는 곳 중 가장 재미있는 곳은 영국이다. 영국이 잉글랜드, 스코틀랜드, 웨일스, 북아일랜드로 이루어진 나라라는 사실은 이제 상식이다. 하지만 비독립국으로 인정된 곳은 잉글랜드, 스코틀랜드, 웨일스뿐이다. 북아일랜드는 그럼 어디로 간 것일까?

영국은 잉글랜드, 스코틀랜드, 웨일스, 그리고 아일랜드가 모인 나라였다. 그중 아일랜드가 독립해 나가면서 북아일랜드만 영국에 떨어뜨려 놓고 나갔다. 즉 북아일랜드는 여태껏 독립 국가였던 적이 없다는 뜻이다. 엄밀히 따지면 북아일랜드의 공식 국기는 오직 영국 국기인 유니언잭뿐이다. 즉, 영국은 3개의 나라 비독립국 와 1개의 지방으로 이루어져 있는 것이다.

땅만 있으면 국가를 세울 수 있다고?

1970년 4월 21일부터 2020년 8월 3일까지, 호주 서부에 세계지도에는 표시되지 않는 나라가 존재했다. 헛리버 공국 Principality of Hutt River 이라는 제법 그럴싸한 국명을 썼던 이 나라는 한 개인이 직접 세운 국가였다. 다만 이곳을 정식국가라고 할 수 있을지에 대해서는 국제적으로 말이 많았다.

헛리버 공국은 다소 황당하면서도 진지한 이유로 세워졌다. 나라를 만든 사람은 이 땅에서 밀농사를 하던 레너드 캐슬리로 호주 정부가 밀 판매량을 제한하자 이에 반발하며 독립을 선언

해버렸다. 헛리버 공국에 실제로 거주한 이들은 소수였지만 1~2만 여 명의 시민권 자가 있었던 것으로 추정되며, 그들은 자체 통화와 헌법, 비자까지 보유하고 있었다. 호주 정부는 당연히 이들을 독립국가로 인정하지 않았다. 하지만 레너드 캐슬리는 호주가 영국 연방 국가라는 점을 이용해 엘리자베스 2세 여왕에게 헛리버 공국이 영국 연방 국가라고 선언해버려, 외교 마찰을 우려한 호주 정부가 1972년에 헛리버 공국의 독립을 인정하기도 했었다.

이후 50년 간 나름대로 독특한 역사를 써 내려가던 헛리버 공국은 호주 국세청으로부터의 납세 압박과 농업 수입 감소, 관광객 수 감소를 이유로 2020년 1월 31일부터 국경을 폐쇄했고, 8월 3일에 공식적으로 멸망했다. 호주에서 두 번째로 큰 나라는 이렇게 역사 속으로 사라졌다. 하지만 호주에는 아직도 헛리버 공국 같이 희한한 나라가 수십 개는 있는 것으로 추정된다는데, 이게 대체 무슨 이야기일까?

국가인 듯 아닌 듯, 마이크로네이션

세계지도에는 없지만, 알고 보면 우리가 모르는 나라가 존재한다. 이런 곳들을 마이크로네이션micronation 이라고 하는데, '국민·영토·주권을 갖춘 독립 국가라고 주장하지만, 국제기구와 세계 정부로부터 인정받지 못한 집단'을 뜻한다. 지구상에는 이러한 곳들이 의외로 많은데, 이미 알려진 마이크로네이션만 해도 전 세계 400여 개국이라고 한다. 헉 소리가 절로 나온다. 버려져 있는 해상 요새에 세운 시랜드 공국Principality of Sealand 이나 공주가 되고 싶어 하는 딸을 위해 직접 땅을 사서 국가를 세워버린 북수단 왕국 Kingdom of Northern Sudan 등 세계엔 정말 특이한 곳이 많다.

거대한 아프리카 대륙에서도 가장 큰 나라였던 수단은 각종 분쟁으로 바람 잘 날이 없었다. 문득 지도를 봤다가, 어느샌가 남수단이 수단에서 독립했음을 알게 되었다. 이것이 불과 2011년의 일이다. 21세기에 들어서도 새로운 나라가 생기다니. 어릴 적에 봤던 세계지도를 벽에 그대로 붙이고 있다면 이제는 업데이트가 필요하다. 내비게이션도 아닌 세계지도에 업데이트가 필요하냐고? 인류의 역사는 여전히 진행 중인데, 인류가 만드는 세계지도가 변해가는 것도 당연하지 않겠는가.

국경선을 유리하게
긋는다는 것

작은 시골 땅을 사더라도 '니 땅'과 '내 땅'이 명확한 시대에, 나라의 땅이 어디까지인지 모르겠다는 소리는 이해하기 힘들지도 모르겠다. 하지만 한국에서도 영토 분쟁이 있지 않은가. 대한민국이 독도를 실효 지배하고 있더라도 일본에서는 독도가 일본 땅이라고 주장하는 것처럼 말이다. 일본이 독도를 탐내는 이유는 독도 근처에 메탄하이드레이트를 비롯한 다양한 미래 자원이 묻혀있다고 판단했기 때문이다. 이처럼 두 개 이상의 국가가 하나의 땅을 두고 자기 영토라고 주장하는 지역들은 지구상에 생각보다 아주 많고 싸우는 이유마저도 다양하다.

2019년에 우리나라는 3·1운동 100주년을 맞았지만, 아직도 지구상에 열렬히 독립을 부르짖는 나라도 많다. 독립의 열기가 거세도 기존 정부로서는 경제적인 이해관계 탓에 쉽게 놓아주지 않는다. 민족과 종교 문제까지 얽혔다면, 야금야금 마음을 갉아먹고 있던 증오가 전쟁으로 이어지기도 한다. 어쩌면 독도 문제는 상대적으로 무난한 축일지도 모르겠다. 사람이 살지 않는 섬이니까. 육상 영토에서는 사람이 사는 마을을 두고 온갖 충돌이 일어나고 있다. 지도상에서 이러한 분쟁지역을 한 번에 알 수 있는 방법은? 맞다, 국경선의 점선을 확인하면 된다!

카슈미르는 세계지도의 점선 중에서도 유난히 눈에 띄는 지역이다. 인도와 파키스탄, 중국이 만나는 기다란 국경선이 매우 복잡하게 얽히고설켰다. 어떤 세계지도는 이 지역을 아예 제4의 색으로 칠해버리기도 한다. 커다란 나라들이 맞붙어 있으니 그저 자원을 차지하기 위해서라든가 지리적 우위를 점하기 위한 싸움일까 싶지만, 카슈미르의 사정은 생각보다 복잡하다.

지금은 버젓이 다른 나라가 되어있지만, 인도, 파키스탄, 방글라데시는 본디 하나의 나라였다. 이들이 분리된 이유는 무엇보다 종교적 이유가 컸다. 인도 지역은 대다수가 힌두교를, 파키스탄은 이슬람교를 믿었던 것이다*.

파키스탄은 독립 당시 동파키스탄現在의 방글라데시과 서파키스탄이라는 두 개의 지역으로 나뉘어 있었는데, 이 지역은 공교롭게도 인도를 사이에 두고 육로가 완전히 동떨어진 상태였다. 게다가 이 두 지역은 이슬람교를 믿는다는 것 빼고는 별다른 공통점이 없어, 훗날 방글라데시는 독립을 선언하게 된다.

이렇게 분열한 인도와 파키스탄의 사이가 좋을 리가 없었다. 결국 인도와 파키스탄의 국경지대인 카슈미르 지역은 그야말로 접전지가 되었다. 지리적으로 중요한 지역이기도 했지만 주민의 80%는 이슬람교도인데, 지배계층은 힌두교도라는 점이 더 큰 문제였다. 주민들은 파키스탄에 귀속되기를 원하며 반

서파키스탄
(현재의 파키스탄)

인도

동파키스탄
(현재의 방글라데시)

(1947년 기준)

• 참고로 인도 아래에 위치한 섬나라 스리랑카의 주류 종교는 불교다. 남아시아의 종교는 이렇게나 다원적이다.

란을 일으켰고 파키스탄 측에서는 주민들에게 무력을 지원했다. 반면 힌두교도인 지배층은 인도에 지원을 요청하면서 인도에 복속하겠다는 문서에 조인해버렸다. 이렇게 1947년, 제1차 인도-파키스탄 전쟁이 카슈미르 지역에서 발발했다.

1949년 유엔이 나선 후에야 제1차 인도-파키스탄 전쟁이 종결되었고, 카슈미르 지역에는 정전 라인이 그어졌다. 인도의 지배 지역은 잠무카슈미르 지역이 되었고, 파키스탄은 북부 지역을 다스리게 되었다. 그 와중에도 중국이 악사이친 지역을 중국의 영토로 편입시키면서 카슈미르는 세 개의 나라의 분할통치를 받게 되었다. 이 과정에서 수많은 주민이 전쟁의 피해를 보았고, 자신의 종교적 신념에 맞게 이동하다가 사망한 이도 30만 명 이상으로 추정된다.

이후로도 인도와 파키스탄은 두 차례 더 전쟁을 치렀고, 1980년대 말부터는 이슬람 과격파에 의한 분리 독립운동이 시작되었다. 이뿐인가, 이들 두 나라는 핵보유국이기도 하다*. 2001년 9.11 테러 이후 국제적인 반테러 운동이 활성화되며 2003년

---

* 국경선을 함께 맞댄 중국 또한 핵보유국이다. 인도와 중국은 예로부터 사이가 좋지 않았는데, 이러한 관계를 이용해 파키스탄은 중국에게서 많은 도움을 받기도 했다.

에는 카슈미르 지역 또한 휴전 상태에 들어갔지만 꾸준한 충돌이 있어왔다. 그러다 2017년 파키스탄의 인도군 무인정찰기 격추 사건으로 다시 긴장이 고조되어 결국 2019년에는 대규모 공습이 오갔다. 이후에도 인도군 및 반군의 공격과 보복 사살 사건이 계속 오가고 있다. 카슈미르는 국경선을 사이에 두고 독립전쟁과 종교전쟁의 성격이 맞물린 세계의 화약고로 지구촌의 큰 우려를 받고 있다.

난사군도를 차지하기 위한 근린국들의 분쟁

　카슈미르에도 한 발을 걸치고 있는 중국은 대국답게 영토 분쟁 지역이 여러 곳이다. 이 중에서 중국이 가장 많은 나라와 국경 분쟁을 하는 지역이 있는데, 바로 난사군도의 영유권을 둔 분쟁이다.

　남중국해에 있는 100여개의 작은 섬들과 암초로 이루어진 지역을 난사군도라 부른다. 만조 시 대부분이 바닷속에 잠겨버려 예로부터 그다지 중요한 지역으로 취급되지 않았다. 하지만 1918년 일본이 처음 이곳에서 철광석을 채굴하기 시작했고 프랑스와의 영유권 다툼이 있었으나 1939년부터 난사군도는 일본이 차지하게 되었다.

　그러다 일본이 태평양전쟁에서 패전 후 영유권을 잃게 되자, 주변국들이 모두 난사군도가 자신의 땅이라고 주장하기 시작했다. 중국, 대만, 베트남이 난사군도의 전역을, 필리핀, 말레이시아, 브루나이는 일부 지역을 자신

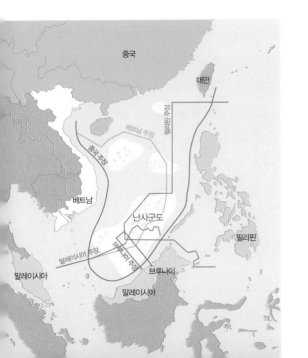

의 영토라고 주장하는 중이다. 중국과 베트남 사이에서는 무력충돌이 일어나기도 했고, 필리핀은 산호초에 건조물을 세우며 중국 선박에 위협 사격을 가하는 등 적극적으로 난사군도의 영유권을 주장하고 있다. 특히 중국은 난사군도에 군사시설까지 만들었다. 사람이 살지 않던 평화로운 해역이 석유와 철광석을 차지하기 위한 군사적 충돌지가 된 것이다.

일본과 중국의 센카쿠 열도 쟁탈전과 독도 문제

역사적으로 섬나라들은 영토 확장에 대한 꿈이 크다는 말이 있지 않았는가. 이번에는 일본으로 가보자. 일본에는 독도를 포함한 세 개의 국경 논쟁 지역이 있다. 작은 섬 지역이라 지도상으로는 잘 보이지 않지만 중국과의 마찰이 잦았던 센카쿠 열도중국명 댜오위다오와 러시아와의 분쟁 지역인 북방 영토가 그 지역이다.

동중국해에 있는 센카쿠 열도는 예로부터 아무짝에 쓸모없는 섬 취급을 받았다. 무인도인 데다가 역사적으로 누구의 영토였다는 문서 하나 남아있지 않았다. 청일전쟁에서 승리한 일본은 중국으로부터 대만 등을 할양 받았는데, 이 과정에서 일본 정

부는 센카쿠섬을 조사했고, 청나라의 소속이 아니라는 점을 확인하자 1895년 자국의 영토로 편입했다.

하지만 1968년 센카쿠 열도에 석유가 매장되어있을 것이란 이야기가 나오자, 중국이 영유권을 주장하기 시작했다. 청일전쟁의 승전품으로서 데려간 지

역이니 원상 복귀 시켜야 한다는 주장이다. 일본은 당시 받았던 대만 지역과는 상관없는 지역이라고 입장을 표명했다. 이 지역의 마찰은 후로 갈수록 격화되어 2010년대에 들어서는 양국의 국민감정이 크게 악화되었다.

센카쿠 열도 분쟁은 독도 문제와도 연관이 있다. 독도는 일본이 1905년 일본 영토로 편입시킨 지역인데, 훗날 1951년 샌프란시스코 평화조약에서 독도를 따로 반환한다는 말이 없었기 때문에 현재 한국이 독도를 불법 지배하고 있다는 주장을 펼치고 있다. 하지만 센카쿠 열도와 달리 독도의 경우에는 과거로부터 독도가 한국의 영토였다고 보는 고문서들이 존재한다. 일본이 독도를 놓지 못하는 이유는, 독도와 비슷한 이유로 자국의 땅임을 선언했던 센카쿠 열도를 잃고 싶지 않아서이기도 하다.

일본의 잃어버린 북방 영토, 쿠릴 열도 분쟁

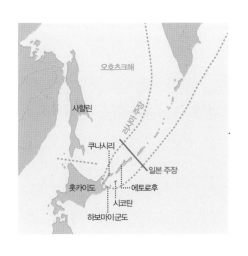

센카쿠 열도가 석유라는 경제적 이점을 사이에 둔 중국과의 분쟁이라면, 북방 영토는 일본에게 조금 더 시급한 문제다. 북방 영토는 홋카이도 북동쪽에 위치한 쿠나시리, 하보마이 군도, 에토로후, 시코탄 네 개의 지역을 가리킨다. 이는 쿠릴 열도 하단에 있는 지역이기도 하다. 일본에게 이 영토는 '잃어버린 북방 영토, 되찾아야 할 북방 영토'라는 이미지가 강하다.

1855년 러일 통상우호조약에 의해 이 4개의 지역이 일본의 영토가 되었다. 그러다 1875년의 새로운 조약으로 일본은 쿠릴 열도 전체를 러시아에게 할양받고, 사할린

전역을 포기하게 되는데 이때 양도받을 쿠릴 열도의 지명에는 4개의 북방 영토 지명이 들어가 있지 않았다. 이미 일본의 영토였기 때문이다.

훗날 일본은 샌프란시스코 평화조약에서 쿠릴열도의 권리를 포기했다. 다만 일본이 포기했던 쿠릴 열도에는 4개의 북방 영토가 포함되지 않았다. 그럼에도 1945년부터 러시아는 북방 영토를 자신의 땅으로 선언했고, 이곳에 사는 일본 주민들은 본토로 쫓겨났다. 이때부터 러시아의 실효 지배가 이루어진 것이다.

1956년부터 일본은 러시아와 국교 회복을 하며, 하보마이와 시코탄이라도 반환해 주겠다는 러시아의 약속을 받았다. 하지만 러시아는 국제 정세를 유리하게 끌고 가기 위해 끊임없이 약속을 번복하고 있다. 일본은 번복하는 러시아를 보며, 적어도 하보마이와 시코탄이라도 되찾기 위한 움직임을 계속하고 있다.

일본의 입장에선 기존에 자국의 영토였던 것을, 타국이 불법 점령한 뒤에 계속 자기네 땅이라고 우기는 셈이다. 이것을 보고 일본은 뭔가 느끼는 지점이 없을까? 기존의 한국의 영토였던 독도를, 일본이 와서 불법 점령한 뒤에 계속 자기네 땅이라고 우기는 것과 같다는 것을.

이대로 괜찮은가?
불안정한 상태의 지도

아이러니하게도 전 세계에서 민족분쟁으로 가장 유명한 지역은 남북한일 것이다. 민족 간의 분쟁이 아니고, 민족 내 분쟁으로서 말이다. 분단국가였던 베트남1976년 통일과 예멘1990년 통일과 독일1990년 통일이 통일될 때까지, 한국은 아직 통일 근처에도 다가가지 못하고 있다. 가까워졌다 하면 멀어지길 반복하는 역사 속에서 훗날 한반도의 지도는 어떤 식으로 바뀔지 궁금해진다.

한 나라에서 이유 없이 생기는 분쟁은 없다. 남북한 분쟁의 출발은 서구에서 유입된 사상에 의한 이간질이었다. 대한민국 혹은 조선민주주의 인민공화국이라는 한 나라가 되고 싶었건만, 그 어느 나라에도 통일되지 못하고 애매한 상태에서 재출발을 한 우리의 역사와 비슷한 곳들을 소개한다.

대만은 나라로 인정받을 수 있을 것인가

사실상 사상으로 분단되었던 또 하나의 나라가 있다. 바로 중국과 대만이다. 비록 대만은 통일의 의지가 그다지 없어 보이지만 말이다. 대만은 중국 본토에서 공산당과의 내전에서 밀려난 국민당이 타이완섬으로 들어가 세운 나라다. 대만의 공식 명

칭은 중화민국으로, 중국
의 중화인민공화국이라는
명칭과는 다르다.

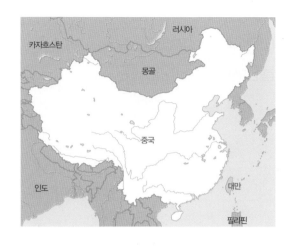

처음에 국제사회는 중
화민국_{대만}을 중국의 정통
으로 인정했다. 중국 땅에
국민당이 먼저 들어섰기
도 했고, 공산당을 괴뢰정
권으로 취급하던 시기였
기 때문일 것이다. 하지만 훗날 중국의 국력이 커지면서 많은 나라들이 대만과 손절
하고 중국을 인정하기 시작했다. 우리나라 또한 대만과 국교를 일방적으로 중단하고
중국과 수교_{1992년}를 맺었다. 대만과의 국교 단절이 중국과의 수교 조건이었기 때문
이다. 대만 내에서의 반한감정은 이러한 배신감에서 출발한 경우가 많다.

중국 옆 변두리 섬나라에서 이리 치이고 저리 치이던 대만의 꿈은 점점 소박해져
대만을 선두로 한 중국통일에서 대만독립론으로 대세가 기울었다. 그러나 중국은
여전히 '하나의 중국'을 외치며, 1국가 2체제임을 주장하고 있다. 중국의 행정구역으
로 '23개의 성, 4개의 직할시, 5개의 자치구, 2개의 특별행정구역'이 있다고 하는데,
이때 23개의 성에는 대만성이 포함된 것이니 실질적으로는 22개의 성이라고 할 수
있다.

중국은 대만을 놓아줄 생각이 없어 보이고, 대만은 온전한 독립을 갈망한다. 하지
만 중국의 눈치를 볼 수밖에 없는 현실 탓에 대만은 공식적인 입장을 드러내지는 않
은 채 현상 유지를 원하고 있다. 양 국가의 미래는 어떻게 그려질 것인가.

또 하나의 분단국가, 키프로스

우리나라가 전 세계에서 남겨진 유일한 분단국가라고? 그런 줄만 알았거늘, 사실 실질적인 분단 상태를 유지하는 나라가 하나 더 있다. 튀르키예 아래 지중해에 위치한 섬나라 키프로스가 그 주인공으로 사이프러스라는 영어 이름으로도 알려져 있다.

우리나라와 차이점이 있다면 이 나라의 구성원들은 한 민족으로 이루어지지 않았다는 점이다. 과거, 키프로스의 남쪽에는 그리스정교를 믿는 그리스계 키프로스인들이, 북쪽에는 이슬람을 믿는 튀르키예계 키프로스인들이 사이좋게 살고 있었다. 그러다 1830년에 그리스가 튀르키예로부터 독립하자 그리스계 주민 사이에서 그리스 본토와의 통합을 원하는 운동이 일어나기 시작했다. 하지만 그 이후 키프로스는 영국령으로 편입1878년되어 버렸고, 영국의 통치 아래에서 갈등이 심화되었다.

1960년, 키프로스는 '키프로스 공화국'으로 독립했다. 그러나 1963년 헌법 개정에서 튀르키예계 주민에 대한 차별 법이 발효되자, 튀르키예계 주민들이 분리 독립을 요구하면서 내전이 발발했다. 결국, 1983년에 튀르키예계 주민들이 '북키프로스 튀르크 공화국'으로의 독립을 선언했다. 하지만 튀르키예만이 이들을 국가로 인정해 줄 뿐, 유엔은 인정하지 않고 있다.

남북으로 분단된 키프로스는 우리나라의 DMZ와 같은 완충 지대가 있다. 게다가 키프로스의 수도 니코시아 또한 통일 전 베를린처럼 남북으로 분단되었다. 남키프로스는 연방 국가안을, 북키프로스는 개별 주권을 가진 국가연합을 주장하고 있는데 여전히 타협하지 못하고 오늘에 이르고 있다.

크림반도의 위기에서 시작된 러시아-우크라이나 전쟁

2022년 2월 24일, 러시아의 블라디미르 푸틴 대통령의 명령으로 러시아가 우크라이나를 침공했다. 21세기 유럽을 배경으로 전쟁이 일어나자 세계가 경악을 금치 못했다. 전쟁의 참상은 SNS를 통해 빠르게 퍼졌고, 많은 이들이 참혹함에 눈물을 흘렸다.

러시아-우크라이나 전쟁의 씨앗을 찾아가보면 2014년의 크림 위기 사태로 돌아가 볼 수 있다. 크림반도는 흑해에 있는 반도로 얄타회담이 열렸던 장소로도 유명하고, 동계올림픽이 열렸던 도시 소치와도 가깝다. 크림반도는 과거 러시아의 남하 정책으로 러시아에게 정복된 뒤, 오랜 기간 러시아에 속해 있다가 1954년 우크라이나로 편입되었다. 이때는 러시아나 우크라이나나 전부 소련의 영토였기 때문에 문제될 점이 없었다. 문제는 소련 붕괴1991년 후였다.

우크라이나는 동부와 서부의 차이가 크다. 서구 유럽의 영향을 많이 받은 서부와 러시아의 영향을 많이 받은 동부는, 문화도 종교도 언어도 이질적이다. 특히 크림반도 지역은 오랜 시간 동안 러시아인들이 러시아어를 쓰면서 살고 있던 지역이었다.

2014년의 크림 위기는 소치 올림픽 기간에 일어나 세계인의 주목을 받기도 했다.

당시 크림반도에서는 러시아와 합병할 것인가에 대한 주민 투표가 이루어졌는데, 96%가 러시아와의 합병에 찬성하는 결과가 나왔다. 러시아는 자국민을 보호한다는 명목으로 군대를 파견했고, 크림반도 반환을 요구했다. 이때 크림반도는 러시아의 실효지배 아래 들어갔고, 우크라이나는 여전히 영유권 주장을 하고 있으며 국제사회에서도 아직까지 우크라이나의 편을 들어주는 상황이다. 당시에도 전쟁이 코앞까지 다가올 뻔 했으나 그때는 전쟁으로까지 번지지는 않았다.

자, 지역 주민의 투표로 나라가 바뀌었다니 어찌 보면 굉장히 민주적인 절차처럼 느껴지지만 사실은 숨겨진 사정이 있다. 당시 우크라이나에서 친러시아 정권이 무너지고 친서방 중심의 임시정권이 들어서자, 러시아는 우크라이나가 서구 유럽과 가까워지는 것에 대한 어마어마한 견제에 들어갔다. 러시아는 가뜩이나 소련 붕괴 후, 한때는 같은 이데올로기를 공유했던 지역들이 하나 둘씩 서유럽 공동체 쪽으로 향하는 것이 불안했다. 우크라이나는 최종적으로 러시아가 서유럽의 영향권 아래로 들어가는 것을 막는 최후의 보루이기도 했다.

그러나 2014년 크림 위기 때만 해도 그 누구도 푸틴 대통령의 행보를 예상하지 못했다. 많은 이들이 러시아가 미국과 서유럽을 향해 경고성 도발을 할 뿐이라 여겼지 과연 전쟁을 일으키리라고는 생각지 못했다. 러시아는 소련 시기의 영광을 기억하고 있었고, 국민들은 현재 약해진 러시아의 입지에 대한 불만이 있을 수밖에 없었다. 이때 푸틴 대통령은 '강한 러시아'를 표방하며 더 이상 미국과 서유럽의 눈치를 보지 않겠다고 말한다. 푸틴 대통령의 인기 요인이었다. 그러나 전쟁이 지속되며 국내에서의 반전 여론도 커지고 있고, 국제적으로는 푸틴 대통령이 종신집권을 위해 무리한 정치적 전술을 펼치고 있다는 의견이다. 결국 푸틴의 행보가 러시아를 국제적으로 고립시키는데 더욱 일조하고 있는 상황이다.

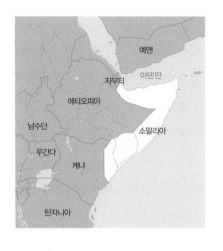

아프리카로 눈을 돌려보면, 소말리아의 국경선이 유달리 눈에 띈다. 소말리아는 아프리카 대륙에서 뿔처럼 툭 튀어나와 보여 '아프리카의 뿔'로도 불리는 곳이다. 사실 소말리아는 국제적으로 악명이 높은 곳이다. 해적들의 나라, 내전의 나라, 가난의 나라 등 불명예스러운 별명이 끊이지 않는다. 그들은 왜 이렇게 힘겨운 상황에 빠지게 되었을까?

소말리아에는 소말리족이 80% 이상 거주하고 있으므로, 민족 간의 분쟁과는 거리가 멀다. 다만 소말리족은 사실 공통의 선조를 둔 여섯 개의 씨족으로 구성되어 있는데, 이들 간에 권력 다툼이 일어나버렸다. 소말리아는 사실상 분열되었고, 수도 모가디슈가 있는 남부지역은 20년 가까이 무정부 상태로 유지되기도 했다.

소말리아의 분쟁은 단순한 부족끼리의 권력 다툼만은 아니다. 1880년대에 영국, 프랑스, 이탈리아가 소말리아를 식민 지배했는데, 이들이 소말리족들의

• 1991년 독립을 선언했다. 현재 남부와 달리 정치적으로 안정되어 있으나, 국제사회에서 독립국가로 승인 받지는 못한 상태다.

•• 1998년 소말리아 북동부에서 자치를 선언했다.

분포를 무시한 채 국경선을 멋대로 분단해버린 것이 화근이었다.

2000년이 되어서야 소말리아에는 잠정 정부가 발족하였다. 그러나 국제사회가 눈을 돌린 사이에 알카에다와 관련 있는 '이슬람법정연합'이 소말리아 남부에서 세력을 키워나갔다. 그러자 뒤늦게 미국이 소말리아에 개입하기 시작했고, 인근 국가들도 소말리아 사태에 힘을 보탰다. 2012년에는 잠정 정부에서 소말리아연방공화국이라는 새로운 체제가 출범했다. 그러나 혼란은 계속되고 있다. 이들의 내전은 언제 끝을 볼 수 있을까.

북아일랜드는 영국인가, 아일랜드인가

영국과 아일랜드로 가보자. 아일랜드는 1922년 영국으로부터 독립했다. 그런데 아일랜드섬 북쪽 땅은 왜 아일랜드 땅이 아닌 영국 땅일까?

북아일랜드가 영국에 머물게 된 것에도 사연이 있다. 가톨릭 신자가 많은 아일랜드와 달리 북아일랜드에는 프로테스탄트계 신자가 많아 영국에 남게 된 것이다. 북아일랜드에는 왜 프로테스탄트 신자가 많은가 하면, 과거 식민지 시대 영국의 정책에 이유가 있다. 16세기 영국은 가톨릭에서 벗어나 영국 성공회 프로테스탄트를 창설하게 되는데, 본디 가톨릭 교도가 살던 아일랜드에도 개종을 요구했다. 그 과정에서 프로테스탄트계 영국인들을 북아일랜드에 이주시킨 것이 북아일랜

드 분쟁의 뿌리가 되었다.

　종교가 원인이 되어 땅이 쪼개지면 문제가 생기기 마련이다. 아니나 다를까, 양측에서 테러 활동이 일어났고, 민간인 시위에 영국군의 발포로 13명의 희생자가 나온 '피의 일요일 사건'이 발생하기도 했다. 하지만 2001년 9.11 테러 이후 전 세계적으로 반테러 움직임이 일어났고, 2005년에 북아일랜드의 테러단체도 무장해제를 선언했다. 하지만 이들의 분쟁은 여전히 진행형이다. 북아일랜드는 여전히 완전한 영국도, 아일랜드도 아닌 애매한 상태로 남아 있다.

세계의 화약고, 팔레스타인 문제

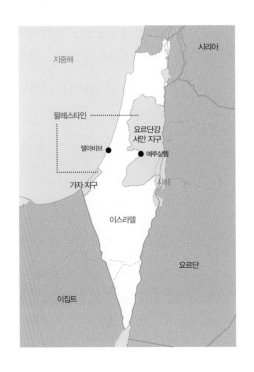

　이번에는 전 세계적으로 가장 이슈인 곳으로 가보자. 이름에서 조차 긴장감이 느껴지는 이곳은 팔레스타인이다. 이스라엘과 팔레스타인의 대립은 한 세기가 가깝게 이어지고도 지금까지 격렬한 대립에 부딪히고 있다.

　문제의 시작은 제1차 세계대전 당시 있었던 영국의 이중외교에 있었다. 영국은 아랍인들에게 오스만투르크에 반란을 일으켜준다면 아랍인 국가를 세워주겠다고 약속했다*. 그리고 동시에 유대인들에게는 전쟁에 비용을 대준다면 팔레스타인에 유대인 국가를 만들어주겠다고 약속했다. 모두들 알고 있듯이 아랍인들과의 약속만 지켜지지 못했다.

자초한 문제를 해결하지 못한 영국은 유엔에게 이를 떠넘겼고, 예루살렘은 분할 통치에 들어가 버렸다. 이후 수많은 무력 충돌을 겪으며 이스라엘이 건국1948년 되었고, 팔레스타인 또한 1988년에 요르단 서안지구와 가자 지구로 영토를 확정해 독립을 선언하며 이스라엘을 국가로서 인정했다.

하지만 모두가 알다시피 팔레스타인 문제는 지금도 지구촌의 가장 큰 과제로 남아 있다. 기독교, 유대교, 이슬람교까지 세 개 종교의 성지인 예루살렘은, 성지라는 이름이 무색하게도 미움의 땅이 되어버렸다. 2021년 5월에도 커다란 무력충돌 사건이 있었다. 이스라엘이 팔레스타인 시위대를 강경 진압하여 사상자가 발생하자 이에 분노한 팔레스타인 무장단체 하마스가 로켓으로 이스라엘을 공격했고, 다시 이스라엘이 가자 지구를 공습한 것이다. 11일 동안의 대충돌 동안 가자 지구에서만 230여 명이 사망했다. 그 중에는 어린이가 65명이었다고 한다. 가자 지구의 민간인들은 아무런 죄도 없이 공습으로 집을 잃고 다치고 가족을 잃고 목숨을 잃었다. 이 사건 이후에도 여전히 공습과 사살 사건이 심심찮게 일어나 많은 사람들이 죽어 가고 있다. 죽고 죽이는 끊임없는 증오의 굴레는 언제쯤 끝이 날 수 있을까. 이 모든 원흉에 강대국의 이간질이 있었다는 사실은 지금까지도 세계 역사의 흐름 속에서 시사해볼만 하다.

---

* 참고로 아랍국가냐 아니냐의 기준점은 아랍어의 사용 유무다. 그러므로 이슬람교를 믿는 모든 국가가 아랍국가는 아니다. 예를 들어, 이란이나 인도네시아는 이슬람교를 믿는 무슬림 국가지만 각각 고유의 언어를 쓰고 있으므로 아랍국가가 아니다.

독립을
꿈꾸는 나라들

앞서 언급했던 코소보와 서사하라, 남수단의 공통점은? 치열하게 독립을 쟁취하기 위해 움직였다는 점이 아닐까. 비록 국제사회의 인정이 쉽게 따라오지 않더라도 말이다.

남수단이 독립한 이유

남수단은 2011년 수단에서 분리 독립했다. 수단은 본디 아프리카에서 가장 넓은 땅을 가진 나라였고, 세계에서도 10번째로 큰 면적250만km²을 자랑하고 있었다. 그러다 민족, 종교, 경제의 다층적인 이유로 분리 독립의 물결이 일었다.

수단의 북부는 북아프리카가 그렇듯 아랍계가 주류다. 하지만 남부에서는 흑인계가 많았고, 종교 또한 영국 식민지의 영향으로 기독교를 종교로 받아들인 사람들이 대다수였다. 남부 사람들은 수단이 북부 중심으로 돌아가는 것에 대한 불만이 많았다. 게다가 사막으로 이루어진 북부 땅에 비해, 남부의 영토는 비교적 비옥했기 때문에 석유나 수자원 등의 경제 기반도 있는 상황이었다. 자연스레 독립의 목소리가 커질 수밖에 없었다.

1983년에 전국에 이슬람 형법이 공표되자 남부에서는 본격적인 군사 투쟁이 시작되었다. 2011년 남부에서 주민투표를 실시한 뒤 남수단은 독립국가로 분리되었다. 남수단의 분리 독립 과정이 결코 쉽지만은 않았기 때문에 평화 협정 서명에도 불구하고 현재도 치안 상황이 불안정하다.

달라이라마의 꿈은 이루어질 수 있을까

티베트의 독립 요구에도 티베트를 놓지 못하는 중국의 속사정은 무엇일까. 티베트는 중국 전체 면적의 무려 8분의 1이나 차지하는데, 티베트가 독립을 요구하는 지역은 티베트 자치구에 티베트인이 거주하는 인근 지역까지 포함된다. 이를 다 합하면 중국 전체의 4분의 1에 해당하는 면적이니 중국이 쉽게 놔 줄 리가 없다. 게다가 티베트 하나를 놓아주면 '왜 쟤는 되고 나는 안 되냐'며 독립을 요구할 지역들이 한두 곳이 아닐 것이다.

티베트는 17세기부터 티베트 불교의 최고 지도자이자 정치적 지도자인 달라이라마가 다스려온 지역이다. 비록 1720년에 청나라의 지배 아래에 들어갔으나, 문화까

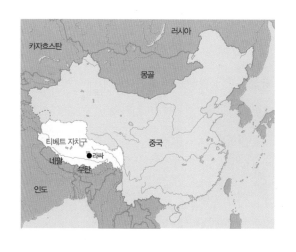

지 잠식당하지는 않았다. 오히려 청 황제가 티베트 불교를 믿으면서 저변이 크게 확대되었을 정도다. 청나라의 국력이 약해지자 티베트는 독립을 시도했다. 그러나 영국 군대가 들어서게 되었고 훗날 티베트, 영국, 중국 대표가 모여 티베트의 미래를 논의했으나 독립은 성사되지 못했다. 그러다 공산당이 중국을 장악하자 티베트에 박해가 가해지기 시작했다. 중국 정부는 노골적으로 토지개혁을 실시했고, 종교 탄압 또한 심해졌다. 결국 1959년에는 2만 명에 달하는 티베트인이 무장봉기를 일으켰고, 달라이라마 14세는 인도에서 망명정부를 수립하기에 이르렀다.

중국 정부는 티베트의 독립의지를 억누르기 위해 티베트어의 사용을 제한하고 한족을 티베트로 이주시키는 등 노골적인 문화 융화 정책을 실시해왔다. 지금도 중국은 달라이라마의 후계자를 자신들이 유리한 방향으로 선정하는 등 티베트의 정신 죽이기에 골몰하고 있다. 이들의 대규모 시위와 충돌, 노골적인 문화 융합 정책은 언제까지 반복될까.

아슬아슬한 스페인, 이대로 괜찮은가

스페인에서는 무려 두 지역이나 독립의 의지를 내비쳤다. 우선 예로부터 독립의 의지가 강했던 바스크 지방이 있다. 민족 정체성이 각별한 지역으로 바스크족은 자신들을 스페인 사람이라고 생각하지 않는단다. 언어 또한 바스크어라는 고유 언어가 있는데, 이는 여타 다른 유럽 언어들과의 접점이 없는 고립언어다. 게다가 공업과 금융업이 발전해 주민소득까지 높다. 그러니 자존심도 남다를 수밖에.

이곳에서는 스페인의 독재자 프랑코로부터 박해를 당하면서부터 테러 단체가 활동을 시작했다. 2006년에는 평화 협상을 했지만 결렬되었다. 바스크 지방은 프랑스에도 일부 지역이 걸쳐져 있는데, 이 지역도 함께 독립을 요구했기 때문이다. 프랑스는 바스크 문제가 스페인의 내부 문제일 뿐이라고 대답했다. 이후 바스크 내부에서도 무장투쟁을 멈추라는 의견이 등장하자 2010년에 바스크의 무장단체인 ETA는 무장투쟁을 중지하겠다는 의사를 내비쳤고, 2018년에는 ETA가 영구 해산되었다는 성명이 발표되었다. 현재 바스크 내에서도 독립 문제를 다루는 시각에 차이가 있다고 한다. 바스크의 미래는 어떻게 될 것인가.

그러나 최근 스페인에는 더 핫하게 떠오르는 지역이 있다. 바로 바르셀로나가 속한 카탈루냐다. 카탈루냐 또한 박해를 받아온 역사가 길다. 지역감정이 어느 정도의 레벨인가 하니, FC 바르셀로나의 라이벌인 레알 마드리드가 주축이 되어 스페인 국가대표를 이뤘을 때, 카탈루냐 사람들이 자국인 스페인이 아니라 상대 국가를 응원했다는 이야기가 있을 정도다. 또한 이들은 스페인 정부가 지나치게 많은 세금을 거둬가고 있다고 생각한다.

카탈루냐 지방은 카탈루냐 고유의 언어와 문화를 가지고 있었고 스페인에 통일된 후에도 그들의 문화를 이어나갔다. 그러나 왕위 계승 전쟁에 참여했다 패배하면서 자치권을 잃고 카탈루냐 언어의 사용 또한 금지 당한 적이 있었다. 프랑코 독재정권 시기에도 핍박을 받았다.

2017년 10월 카탈루냐는 독립을 위한 국민투표를 실시했다. 이때 92%의 찬성표로 독립이 가결되었고, 지방의회도 독립을 선언했다. 스페인 중앙정부는 당연히 이를 불법 행위라고 비난했다. 경찰의 무력 진압으로 시위대가 부상을 입기도 했다. 스페인 중앙 정부는 카탈루냐의 자치권을 스페인 직할 통치령으로 바꾸고 관련 정치인을 반역죄로 기소하는 등 강력하게 맞섰다. 스페인의 경제 상황이 좋지 않으므로 스페인의 입장에서는 카탈루냐를 잃을 수 없기 때문이다. 앞으로 카탈루냐의 지도는 어떻게 바뀔 것인가.

쿠르드족의 염원은 이루어질 것인가

나라는 없어도 독립을 원하는 이들이 있다. 과거의 유대인들처럼 말이다. 이번에는 쿠르드족 이야기다. 쿠르드족의 기원은 기원전 5,000년 전까지 거슬러 올라간다. 현재 이들의 거주 지역은 튀르키예, 시리아, 이라크, 이란, 아르메니아, 아제르바이잔의 국경 지역으로 '쿠르디스탄'이라는 이름으로 총칭하기도 한다.

쿠르드족은 세계 최대의 나라 없는 민족으로 인구는 약 3천만 명 정도로 추정된다. 나라가 없다고 무시하기에는 상당한 숫자다. 이 지역 사람들이 왜 땅을 잃게 되었는가? 바로 서구 열강들이 자기들 마음대로 국경을 확정했기 때문이다. 쿠르드족의 거주 구역을 무시한 채 말이다. 쿠르드족도 당연히 민족자결주의의 흐름을 등에 업고 독립을 요구해왔으나, 강대국들의 조약에 이용만 되었을 뿐 결국 현실화되지 못했다.

이들이 사는 지역은 수자원뿐만 아니라 석유와 같은 지하자원도 풍부하다. 주변 국가로서는 쿠르드족의 문제를 전혀 해결하고 싶지 않게 만드는 요인이다. 일례로 튀르키예는 지금까지도 쿠르드 민족주의를 말살하기 위해 애쓰고 있다. EU 측의

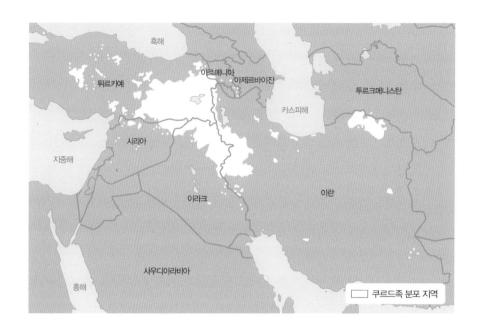

압력으로 인해 조금 완화되었지만, 여전히 갈등은 계속되고 있다. 세계 최대의 나라 없는 민족, 쿠르드족의 미래는 어떻게 변할 것인가. 그들에게도 해가 뜰 날이 올 것 인가.

인간이 바꾼
자연지리

지금까지 현대 인류의 역사 속에서 바뀌어 온, 혹은 바뀔 가능성이 있는 인문지도 이야기를 해봤다. 지금부터는 인간이 바꾼 자연 이야기를 해보려고 한다. 자연지리도 변한다. 최초의 대륙 판게아가 여러 개의 대륙으로 갈라지거나, 빙하기가 와서 온 세상이 꽁꽁 얼어붙었던 것처럼 말이다. 하지만 오랜 기간 동안 서서히 일어난 변화가 아니라, 최근 100년 만에 바뀐 거라면? 단순히 '펄을 메워 땅을 만들었다' 수준이 아니라면 어떨까?

인류가 만든 재앙, 아랄해의 비극

세계지도에서 떡하니 자리 잡았던 커다란 호수 하나가 사라질 위기에 처했다. 위기에 처했다는 말마저도 순화된 표현이다. 이미 끝이 났다고 봐도 될 수준이다.

아랄해는 세계지도에 떡 하니 그려져 있었을 만큼 커다란 호수였다. 무려 세계에서 4번째로 큰 호수였을 정도다. 하지만 이 아름다운 호수는 1960년대부터 관개 농업에 쓰이면서 운명을 달리했다. 인간들이 아랄해로 들어가는 강물의 물길을 바꿔놓았던 것이다. 영원할 것 같은 커다란 호수의 물은 급격하게 마르기 시작했다. 무려 수량의

90%가 사라졌고, 여러 개로 쪼개졌다. 염도가 높아져 물고기가 제대로 살지도 못한다. 바싹 말라버린 호수 옆엔 폐허가 된 마을만 남았다. 아랄해는 인간이 만들어낸 인류 역사상 가장 끔찍한 재해이며 환경파괴의 끝판왕이 틀림없다.

1989년

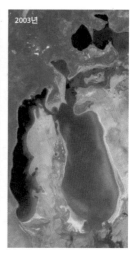

2003년

가라앉는 나라 투발루

자연재해로 국토 전체를 잃을 위기에 처한 나라도 있다. 기후 변화로 인해 해수면이 상승하자 난민 국가가 될 위기에 처한 것이다.

남태평양에 있는 산호섬나라 투발루는 세계에서 네 번째로 면적이 작은 나라다.

게다가 평균 해발고도가 3m고 공항이 있는 가장 고지대조차 고작해야 5m라고 한다. 몇몇 산호섬들은 이미 바다 아래에 가라앉았고, 과학자들이 '투발루는 조만간 국토를 포기하고 다른 나라로 온 국민을 이주시키는 작업을 해야 할 것'이라고 경고하기도 했다.

투발루는 조금 더 오래 이 아름다운 섬나라를 지킬 수 있을까. 중요한 것은, 기후변화를 가속 시키는 나라가 따로 있고, 기후변화로 피해를 보는 나라가 따로 있다는 점이다. 지구공동체를 지키기 위해 전 세계가 협력해야 할 때다.

피부색은 달라도
모두가 호모 사피엔스

세계에 다양한 자연과 문화가 있는 만큼, 다양한 외형을 가진 사람들이 지구상에 살아간다. 금발에 파란 눈을 가진 사람부터 까만 피부와 곱슬머리를 가진 사람까지, 키도 체형도 이목구비도 가지각색이다.

인종人種 race 이란 무엇일까? 인간은 사실 단일종이기 때문에, 정확하게 말하면 인종은 종種이라고 할 수 없다. 흑인이건 황인이건 백인이건, 인류라는 종에 속하기 때문이다. 하지만 우리는 인간을 생물학적 또는 사회적으로 구별하기 위해 인종이라는 개념을 쓰고 있다. 인종은 인류를 지역과 신체적 특성에 따라 구분한 것을 뜻한다. 단순히 피부색을 기준으로 나눴다고 생각하기 쉽지만, 사실 피부색보다도 유전자, 얼굴의 형태나 골격이 중요한 기준점이다. 사실 모든 지구인들을 구별할 수 있을 만큼 기준이 명확하지는 않다. 잊지 말아야 한다. 차이점으로 우열을 가려 차별하자는 것이 아니라, 다양한 문화와 환경에 대한 이해를 위해 구별한다는 것을.

여기서는 인류의 3대 인종을 중심으로 다뤄본다. 모든 사람을 이 세 가지 범주에 넣을 수는 없으며, 다양한 혼혈과 소수 혈통이 존재한다는 것을 항상 염두에 두고 읽어주었으면 좋겠다*.

---

* 특히 중남미의 경우, 인종 구분이 거의 의미가 없을 정도다. 이미 역사 속에서 수많은 인종이 뒤섞였고, 뒤섞인 그들이 인구의 주류를 이루기 때문이다. 그러한 혼혈을 메스티소(백인+인디언), 물라토(흑인+백인), 삼보(인디언+흑인)라고 흔히 구별하기도 한다.

인류의 기원이라고도 불리는 흑인종은 검은 피부, 까만 곱슬머리, 크고 평평한 코, 두꺼운 입술 등의 특징을 가지고 있다. 아프리카 인종, 학술용어로는 니그로 인종

Negroid 이라고도 불린다. 웃기게도 '니그로'라는 단어는 원래 까맣다는 의미의 단어일 뿐이었으나, 영어권에서 이를 흑인 비하 용어로 사용하게 되면서 차별언어가 되었다. 함부로 썼다가 인종 차별주의자가 될 수 있으니 조심하자*. 그래서 영어로 흑인종을 이야기할 때는 블랙 피플Black people 이라는 단어를 사용하는 것이 보편적이다. 미국에서는 아프리카계 아메리칸African American 이라고 부르기도 한다.

흔히 아프리카 사람이 곧 흑인이라고 생각하곤 한다. 하지만 이는 매우 잘못된 관념이다. 아프리카는 세계에서 두 번째로 큰 대륙이다. 동아시아와 서아시아에 사는 사람들의 외모가 다르듯이, 아프리카 사람들도 하나의 외모로 단정할 수 없다. 일단 사하라 이북의 사람들은 흑인이 아니라 백인이다. 이들은 모두 아랍 국가 사람인데,

* 예전에 영어권에서 가수 싸이의 〈챔피언〉 가사 일부가 논란이 된 적이 있다. 문제가 된 가사는 이 부분이다. '챔피언, 소리 지르는 니가. 챔피언, 음악에 미치는 니가' 눈치채셨는가? '니가'라는 부분이 흑인 비하 단어로 들리니 가사를 바꿔 부르라는 지적이었다. 글쎄, 왜 한국어로 된 노래를 굳이 영어권 화자를 의식해 바꿔야 한다는 것일까. 영어권 중심주의가 낳은 지적이 아니었을까? 러시아인이 '스파시바(감사합니다)'라고 인사하는 것을 보고, 누군가 '그것은 한국어 욕으로 들리니 다르게 말해주세요.'라고 말했다고 생각하면 좀 이상하지 않은가?

우리가 아랍인들을 상상했을 때 보편적으로 흑인을 상상하진 않잖은가**. 따라서 이 집트가 아프리카에 있다는 이유로 흑인종이 다수일 것이라 생각했다면 착각이라는 말이다***.

아프리카 흑인종들은 주로 사하라사막 이남인 아프리카 중남부에 살고 있다. 북아프리카에도 흑인이 산다고는 하나 주류 인종은 아니다. 식민 시절의 노예무역의 영향으로 유럽과 미국에도 많은 흑인 인구가 살고 있다. 심지어 북아메리카 동남쪽에 위치한 카리브해 섬나라들은 노예무역으로 끌려온 수많은 흑인들이 독립을 이루면서 흑인이 주류인 국가가 되었다. 예시로 육상의 신 우사인 볼트의 나라, 자메이카의 인종 비율을 보면 흑인이 90% 이상이다.

아프리카계가 아닌 흑인종

피부색이 어둡다고 해서 모두 아프리카계라고 오해하면 곤란하다. 그렇지 않은 경우도 있으니까. 믿을 수 있는가?

오세아니아의 원주민들은 까만 피부를 가지고 있으나 별도의 혈통을 가지고 있다. 호주의 원주민인 어보리진Aborigine 만 봐도 그렇다. 이들은 니그로 인종이 아닌 오스트레일리아 인종Australoid 이라는 별도의 학술적 명칭으로 분류된다. 남인도의 드라비다Dravida 나 동남아와 뉴기니섬에 걸쳐 사는 소수민족 네그리토Negrito 도 피부색은 까맣지만 자세히 보면 아프리카계 흑인들과 차이를 보이고 있다. 이들은 피부색만으로 구별하자면 흑인이겠지만, 유전학적으로는 인류의 3대 인종에 포함되지 않는다.

** 무슬림 흑인사회가 없다는 뜻은 아니다.

*** 2023년 4월, 넷플릭스의 다큐멘터리 〈퀸 클레오파트라〉의 예고편이 공개되었는데, 흑인 배우가 연기한 클레오파트라 7세가 등장하자 이집트인들은 역사를 왜곡하지 말라며 크게 반발하였다. 클레오파트라 7세는 그리스계로 알려져 있다.

▲ 호주의 원주민 어보리진

▲ 남인도와 스리랑카에서 거주하는 드라비다인
또한 또 다른 유전적 형질을 가지고 있다.

아프리카에 사는 흑인처럼 보이지만, 알고 보면 흑인이라고 보기가 모호한 사람들도 있다. 흔히 '아프리카의 뿔*'이라고 불리는 곳에 사는 사람들인데, 얼핏 보기엔 흑인과 같은 피부색을 가졌어도, 자세히 보면 얼굴은 백인에 가깝다. 인종을 피부색으로만 나누는 것이 아니기에 이들을 백인으로 분류해야 한다는 의견이 지배적이다.

키 큰 흑인종과 키 작은 흑인종

흑인들의 생김새에 관해 이야기를 더 해볼까. 더운 지역에 살다 보니 자외선을 막기 위해 멜라닌 색소가 많아 피부색이 짙어졌고, 땀샘도 발달해서 체취가 짙은 편이다. 신체적으로는 몸에 비해 팔다리가 길고, 근육의 탄력도 좋아 육상이나 농구와 같은 스포츠에 유리하다. 하지만 기다란 팔다리에 비해 종아리는 발달하지 않은 편이다. 넓고 평평한 가슴과 커다란 엉덩이도 특징이다.

• 아프리카 북동부로, 이곳의 지형이 마치 코뿔소의 뿔처럼 생겨 붙여진 이름이다. 에티오피아, 소말리아, 지부티, 에리트레아가 있다.

하지만 이러한 특징이 있다고 하여, 모두 똑같은 신체를 가지고 있는 것은 아닐 테다. 지역에 따라 피부색도 짙은 갈색부터 연갈색까지 다양하고, 키는 더욱 다양하다. 아프리카 동부 초원에 거주하는 마사이족Maasai은 큰 키와 늘씬한 몸매를 가지고 점프를 하며 상대방을 기선제압하는 것으로 유명하다. 마사이족 남성의 평균 신장은 약 180cm가량이다. 반대로 아프리카 열대우림에 사는 피그미족Pygmy은 성인 신장이 130~140cm가량밖에 되지 않는다. 고로 흑인이라고 다 같은 외형과 몸매를 가지고 있는 것이 아니니, 흑인은 이러할 것이라고 함부로 재단하는 것은 금물이다.

참고로 피부색이 아무리 짙은 흑인이라고 해도, 손바닥과 발바닥은 다른 인종과 피부색이 같다. 애플은 iOS 12.1 버전 이모지emoji에서 발바닥 그림을 공개한 적이 있는데, 갈색과 짙은 고동색으로 칠한 발바닥이 논란이 되었다.

"대체 누구의 발바닥이 까맣지?"
"만약 네 발바닥이 검은색이라면 의사를 찾아가야 해."

이는 발표되자마자 위와 같이 전 세계 흑인들에게서 비아냥을 들어야만 했다.

흑인종의 상징, 곱슬머리

흑인 대부분은 심한 곱슬머리다. 어릴 적에 왜 흑인들의 헤어스타일이 늘 비슷한지 궁금했고, 레게 머리가 단순히 '힙'하려고 치장한 머리인 줄 알았는데 그게 아니었다. 그들의 심한 곱슬머리를 감당할만한 헤어스타일이 몇 없었던 것이다. 짧게 밀어버리는 것이 가장 편하겠지만실제로 흑인 남성들 대부분이 이 헤어스타일이다 인간이라면 당연히 멋도 부리고 싶을 것이다. 이들이 머리카락을 그냥 기르게 되면 심한 곱슬 탓에 아프로Afro 헤어가 되어버린다. 곱슬모를 커다랗고 둥근 모양으로 세운 머리다. 흑인 여성에게서 자주 볼 수 있고, 애니메이션에 나오는 대다수의 흑인 캐릭터가 이러한 머리로 희화화 되곤 했다. 흑인들은 머리를 기르고 멋을 내기에는 한계가 있을 뿐더러, 머리카락이 자라면서 두피에 상처를 내기도 한다. 이러한 이유로 많은 흑인들이 레게 머리를 선택한다. 머리를 땋아버리는 것이다.

　흑인들의 헤어스타일은 곧, 흑인 문화적 문맥을 가지기도 한다. 특히 백인 문화권에 사는 흑인들은 그들이 있는 그대로의 모습을 인정받기 위해 투쟁의 역사를 거쳐 왔다. 흑인들에게 헤어스타일 관리는 항상 난제이자 극복해야 할 문제처럼 느껴져 왔단다. 제 머리스타일을 드러내고 다니는 것도 용기가 필요한 일이었다. 아직도 전문성이 떨어져 보인다는 이유로 아프로 헤어나 레게 헤어를 금지하는 일터가 많단다.

　그래서인지 흑인 사회에서는 가발 산업이 유난히 발달했다. 다시 생각해보면 우리가 아는 흑인 여성 스타들은 백인들과 비슷한 헤어스타일을 하지 않았던가. 알고 보면 가발인 경우가 많단다. 세계적인 팝스타 비욘세도 무대에서는 찰랑거리는 머리를 자랑한다지만, 그의 실제 머리는 당연히 여느 흑인 여성들의 머리와 다르지 않다. 비욘세는 가발에 엄청난 돈을 투자하는 연예인으로도 유명했다. 그러나 세 아이를 출산한 뒤 잡지 〈보그〉 촬영을 하면서 가발과 붙임머리, 화장을 던지고 화보를 찍었다. "자신의 몸에서 아름다움을 보고 진가를 알아보는 것이 중요하다"는 메시지를 전하면서. 이처럼 흑인 여성이 자신을 그대로 받아들이는 것에는 저항의 역사라는 문화적 맥락이 숨겨져 있었다*.

---

* 국내에서는 래퍼 비와이가 미국 흑인 남성의 이발법인 페이드컷을 하여 논란이 인 적이 있다. 방송인 샘 해밍턴은 '흑인 머리를 따라 하지 말라'며 이를 지적했고, 네티즌들은 헤어스타일에 인종이 따로 있냐며 혼란을 겪었다. 사실 이러한 지적은 흑인들의 문화적, 역사적 맥락을 지우지 말라는 뜻이었다. 흑인들의 헤어스타일에는 자기긍정과 저항의 역사가 함께 새겨져 있는 것이다.

한국에서 한국인으로 살다 보면 흑인을 접할 기회가 많지 않은 것이 사실이다. 다양한 사례를 만나본 적이 없으니 매체에서 본 흑인들의 스테레오 타입만 그대로 믿어버리기 쉽다. 가장 흔히 볼 수 있는 사례는 이들의 신체에 대한 일반화와 대상화다.

흑인들은 당연히 몸집이 크고 힘이 세다는 편견이 있다. 이는 '흑형'이라는 인터넷 신조어를 낳기도 했는데, 실제 흑인들은 대개 이 단어를 불편해한다. 우리 딴엔 친근하게 그들의 신체를 칭찬했다고는 하지만, 알고 보면 흑인은 이러이러하다는 대상화와 일반화에 지나지 않기 때문이다. 이는 특히 흑인을 인격이 아닌 신체로만 결부시켜 남성의 경우 몸집이 크고 성기도 크다, 여성의 경우 몸매가 좋고 가슴과 엉덩이가 크다는 성적 대상화와 결부된다.

희한하게도 우리와 달리 미국에서는 '흑인들은 뚱뚱하다'라는 편견이 있다고 한다. 이는 흑인들이 미국 사회의 저소득층인 경우가 많아, 질 낮은 패스트푸드를 주로 섭취해 비만이 되기 쉽기 때문이다.

황인종

아시아 인종, 몽골 인종Mongoloid 이라고도 불리는 황인종은 황갈색 피부와 까만 직모直毛 straight hair, 흑갈색의 눈을 가지고 있다. 대체로 쌍꺼풀이 없고, 얼굴이 편평하고 코가 낮으며, 광대뼈가 높다. 체모가 적고 키도 작은 편이다. 동북아시아와 동남아시아에 거주하고 있으며, 신

▲ 몽골의 어린 아이

▲ 일본인 가정

▲ 태국인 가정

기하게도 백인들보다 추위에 잘 견딜 수 있는 신체를 가지고 있다고 한다. 생각해보면 극지방 원주민들이 황인종이었다는 점이 떠올라 쉽게 납득이 된다.

황인종에 속하는 이들은 좁게는 동북아시아, 넓게는 동남아와 중앙아시아, 사모예드나 이누이트 같은 극지방 사람들과 아메리칸 인디언*까지도 포함된다. 놀랍게도 유럽에서도 황인종 원주민들이 존재하는데, 핀란드의 핀족Finn 과 헝가리의 마자르족Magyarok 이 이들이다. 하지만 이들은 백인문화에 융화된 지 오래라서 지금은 찾아보기 힘들다.

옐로 피플, 아시안, 차이니즈

황인종의 피부색이 황갈색이라고는 하나, 사실 황인종만큼 피부색의 스펙트럼이 다양한 인종도 없을 것이다. 동북아시아인의 경우 백인의 피부색과 별반 다르지 않고, 동남아시아로 가면 밝은 피부의 흑인과 피부색이 비슷해지기도 한다. 그런데도 백인들의 시각에서 봤을 때 안색이 좋지 않고 병들어 보인다는 의미에서 황색 인종

• 아메리칸 인디언들은 따져 보면 황인종이라기보다는 황인과 백인의 혼혈이라고 한다.

이라는 이름이 붙었다. 그런 의미에서 'yellow people 옐로 피플'이라는 영어단어는 아직도 멸칭으로 쓰인다.

그러면 이 지역 사람들을 영어로 어떻게 부르는가 하니, 주로 아시안Asian이라는 단어를 대체해서 쓰고 있단다. 생각해보면 아시안이라는 명칭도 좀 웃긴다. 아시아는 이렇게나 넓은 지역인데 동북아 사람들만을 아시안으로 지칭하는 꼴이니까. 그렇다 보니 동북아 이외의 아시아인들은 더 구체적인 지역 정체성을 영어 이름으로 붙여 사용한다고 한다.

그러나 동북아인들을 가리키는 명칭으로 어쩌면 '아시안' 정도라면 다행일 수도 있다. 외관만 보고 '차이니즈Chinese'로 퉁쳐버리는 경우도 많기 때문이다. 한국인이라는 정체성에 아시안은 포함되겠지만, 차이니즈는 포함되지 않으니 당혹스럽다. 그만큼 전 세계적으로 '동북아인 = 중국인'이라는 명쾌한 공식이 통용되고 있는 셈이다. 실제로 유럽 여행을 하다가 '니하오'를 들었다는 한국인 여행자들의 일화가 넘쳐난다.

TIP '니하오' 인사말이 인종 차별?

동북아인에게 '니하오'라고 인사말을 건네는 것은 인종 차별이다. 동북아인이 모두 중국인도 아닐뿐더러, 이민국가의 경우 현지인일 수도 있다는 가정을 제외한 채 이방인 취급을 해버리기 때문이다. 함부로 출신지를 재단하고 엉뚱한 인사를 건네다니. 게다가 뉘앙스를 들어보면 알겠지만, 호의보다는 조롱의 의도를 가지는 경우가 대부분이다. 대상이 여성인 경우에는 '니하오'라는 인사말에 성희롱성 추근거림도 함께 섞여 있는 경우가 대다수다. 말을 더 얹자면, 눈을 찢는 제스쳐나 중국어 발음을 희화화한 '칭챙총'도 명백한 인종 차별에 해당한다.

조금 슬픈 이야기지만, 백인사회에서 황인종은 아직도 명백한 타자로서 존재한다. 미국 내에서도 흑인이나 히스패닉계는 인권 운동과 저항의 역사가 있었으나, 아시안에게는 이러한 역사가 없었다. 미국 사회의 일원이라는 인식도 부족하고, 비교적 성실하고 튀지 않으려는 성향이 커서 '공부나 일만 하며 만만하고 다루기 쉬운 애들'이라는 선입견 속에 갇혀 버렸다. 흑인과 히스패닉 사회에서도 동양인들을 무시하는 상황이 벌어지기도 한다.

동양 여성이 백인 남성을 좋아하고 문란하면서도 순종적이라는 편견도 있다. 일명 '옐로우 피버yellow fever'라고 불리는 백인 남성들은 동양 여성에 대한 환상을 가지고 자신의 자존감을 채우기 위해 동양 여성만을 골라서 사귀기도 한다. 물론 피부색만 보고 성격을 단언하고 성적 환상을 가지는 인종 차별이다.

동양인에게 씌워진 스테레오 타입은 특히 동양적 신비로움에 심취해 이상적인 모습으로 타자화하는 경우가 많다*. 때문에 동양계 할리우드 배우들은 배역이 한정되어 있어 큰 고충을 겪었다. 아시안이라는 타자성을 빼면 배역을 맡을 수가 없었던 것이다. 2018년에 영화 〈서치〉나 〈크레이지 리치 아시안〉이 개봉했을 때 수많은 아시안 아메리칸들이 환호했던 이유가 여기에 있었다. 드디어 할리우드 영화에서 평범한 우리의 이야기를 만났다는 희열이었을 테다.

세계에서 아시안의 이미지는 현재 편견과 짬뽕 그 자체다. 동양인이라면 누구나 중국식 인사를 하면서 태국식 합장을 하고, 한자를 쓰고, 당연히 불교를 믿으며, 스시를 먹는다는 이미지다. 동남아 휴양지에 대한 환상이 있어 아시아는 다 따뜻한 줄 아는 이들도 천지다. 한·중·일이 같은 문자와 같은 말을 사용한다고 생각하기도 한

---

* 할리우드 영화의 동양인 캐릭터를 떠올려보면 알 수 있다. 액션 영화에서는 닌자나 무술 고수 역할을 줘버리고, 하이틴 영화에서는 수학을 잘하는 괴짜 너드가, 애니메이션에서는 이유를 알 수 없는 보라색 브릿지 헤어의 여성이 등장한다. 실제 동양인이 만든 영화에는 보기 힘든 캐릭터들을 잘만 만들어낸다.

다. 이들이 어느 나라에서 왔는지는 별로 궁금하지도 구별할 생각도 없어 보인다. 하지만 많은 인구와 뛰어난 기술, 경제력을 바탕으로 아시아의 위상은 점점 높아지고 있다. 이러한 편견의 조각들이 해체되는 날이 머지않아 올 수 있길 바란다.

백인종

▲ 북미와 서유럽에서
흔히 볼 수 있는 백인 가정

▲ 중동과 북아프리카에 사는
아랍인들 또한 백인종이다.

유럽 인종, 코카서스 인종Caucasoid **이라고도 불리는 백인종은 밝은 피부와 다양한 색깔의 눈과 머리카락 색, 우뚝 솟은 코가 특징이다. 얼굴형을 더 살펴보자면 이마가 돌출되어 있고, 눈 주위는 깊고 쌍꺼풀이 있어 전체적으로 이목구비가 뚜렷하다. 머리카락은 가늘고 구불구불한 곱슬머리며 몸에 털이 많다. 흔히 백인종이라 하면 금발에 파란 눈을 떠올리곤 하지만, 이는 열성 형질이라서 서양에서도 금발벽안은 드물다. 실제로는 갈색모와 갈색 눈이 가장 많으며, 금발 백인들의 대다수는 염색으로

•• 유럽인종을 영어로 코카소이드(caucasoid)라고 하는데, 이는 코카서스산맥에서 따온 용어다. 재미있게도 코카서스 산맥은 유럽이 아닌 중앙아시아에 위치해 있다. 코카서스 3국이라고 하면 조지아, 아르메니아, 아제르바이잔을 지칭한다.

만들어진 것이다.

　이들의 피부색이 밝은 이유는 흑인과 반대로 멜라닌 색소가 부족하기 때문이다. 그렇기에 자외선에 취약하고 피부가 거칠며, 피부 노화도 빠르고 여드름과 주근깨, 주름이 많은 편이다. 또한 키가 크다는 세간의 편견과 달리, 의외로 키가 작은 사람도 많다.

어디까지가 백인종일까?

▲ 에티오피아의 아이

　마찬가지로 지역에 따라 피부색이 어두운 백인들도 많다. 당연히 고위도로 갈수록 피부색이 밝아, 우리가 생각하는 금발 벽안의 미인은 북유럽이나 러시아에서나 볼 수 있다. 남쪽인 스페인이나 이탈리아로 가면 구릿빛 피부의 라틴계 백인들이 거주한다.

　백인은 주로 유럽에 거주하는 인종이지만, 서남아시아와 북아프리카의 아랍인들도 백인에 속한다. 넓게는 인도인들과 동아프리카인까지 백인 혈통으로 본다. 그러므로 중동과 북아프리카에 사는 아랍인도 백인종이다. 특히, 믿기 힘들겠지만 흑인종처럼 피부색이 어두운 동아프리카인도 백인종의 유전 형질을 가지고 있다.

　북미 국가인 미국과 캐나다, 오세아니아에 있는 호주와 뉴질랜드도 백인 중심의 국가다. 그러나 이곳에 사는 백인들은 모두 유럽계 이주민들이다. 이 나라들의 보수

우익 단체가 '너희 나라로 돌아가라'라는 멘트를 던져도 시답잖게 들리는 이유기도 하다.

백인종이 아름답다?

백인들은 눈동자의 색깔도 갈색, 파란색, 녹색, 회색 등 다양하고, 머리카락 색도 흑발, 금발, 적발, 갈색모 등으로 다양하다. 아마 이 덕분에 다른 지역보다 일찍이 미적 감각이 다양화되고 자신의 개성을 드러내는 산업이 발달했을 것이다. 그러다 전 세계가 서구화되면서 서양의 미의식이 곧 세계의 미의식으로 어느 정도 자리 잡았다.

하지만 그것이 모두 백인이 되고 싶은 열망 때문이 아님을 인지해야 한다. 밝은 피부에 목숨을 거는 아시안을 보고 '백인이 되고 싶은 마음은 알겠지만, 너 자신을 긍정해'라며 등을 토닥인다면, 듣는 아시안은 어이가 없을 것이다. 하얀 피부를 동경해온 것은 백인들의 존재와는 관계없이, 오랜 동아시아 역사 속에서 이어져온 미의식이었기 때문이다. 게다가 한국과 일본의 경우 헤어와 뷰티 산업이 발달하면서 다양한 컬러를 자신의 몸에 입히고 싶어 하는 욕구가 생겼다. 금발로 염색한 동양인을 보고 "너 백인이 되고 싶은 거야? 자신감을 가져! 너는 그 자체로 정말 예뻐!"라고 하는 백인도 있는데, 그럴 때면 그들의 지나친 자의식에 당혹스러울 수밖에 없다. 그럴 땐 역으로 질문하자, "너 검은색 마스카라 했어? 동양인이 되고 싶은 거야? 자신감을 가져! 너는 그 자체로 정말 예뻐!"

TIP   제 피부색에 무슨 문제라도?

동아시아에서 흰 피부를 선호하는 문화가 백인과 상관없다 해도, 무조건 흰 피부를 우수한 것으로, 까만 피부를 열등한 것으로 짝짓는 습관은 매우 잘못되었다. 특히 화장품 마케팅에서 아슬아슬한 줄타기를 하고 있다. 이것은 과하면 자칫 인종 차별적으로 보일 수 있기도 하지만, 인종의 문제까지 가지 않더라도 개개인의 특성에 우열을 가리는 행위이기 때문이다.

3

여행자를 위한
세계 기후 읽기

이제부터는 세계 기후에 대해 이야기를 할까 한다. 기후라니
어렵지 않을까? 하지만 앞에서 이미 '지도 똑똑이'가 된 여러
분들은 앞으로 나올 이야기를 쉽고 재미있게 이해할 수 있을
것이다. 앞장에서 머리가 조금 아팠다면, 앞으로는 놀 듯이
지리 이야기를 들을 준비만 하시면 된다.

세계의 기후는
얼마나 다양할까?

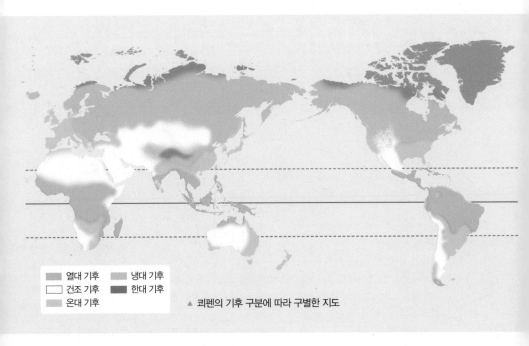

열대 기후   냉대 기후
건조 기후   한대 기후
온대 기후

▲ 쾨펜의 기후 구분에 따라 구별한 지도

    모든 문화는 그 지역의 기후로부터 출발한다. 지금의 우리는 독일의 기상학자 쾨펜Wladimir Peter Köppen이 제안한 기후 구분을 토대로 세계의 기후를 크게는 6개, 상세히는 31개로까지나 구분할 수 있다.

쾨펜의 기후 구분에 따르면 다소 '화학 기호'스러운 영어 약어가 등장한다. 이 의문의 기호에 겁을 먹거나 집착할 필요는 전혀 없으니 신경 쓰지 않아도 좋다. 하지만 그다지 이해하기 어려운 개념도 아니기 때문에, 여유가 있는 사람이라면 한번 익혀둬도 좋다.

첫 번째 문자는 온도대에 따라 알파벳순으로 나열했고, 두 번째 문자는 강수량에 따라 정해진 알파벳을 붙였다. 예를 들어, Af에서 A는 열대 기후를 뜻하고, f는 연중 습윤함을 의미한다. 간혹 세 번째 문자가 나오는 경우도 있는데 이는 세부 기온을 나타낸다. 아래 표로 익혀보자.

온도대	**A** 열대 기후	**B** 건조 기후	**C** 온대 기후	**D** 냉대 기후	**E** 한대 기후	-
강수량	**f** 연중 습윤	**s** 하계 건조	**w** 동계 건조	-	-	-
세부 기온	**a** 더운 여름	**b** 따뜻한 여름	**c** 짧고 기온이 낮은 여름	**d** 매우 추운 겨울	**h** 건조하고 따뜻함	**k** 건조하고 추움

비와 태양의 합주,
열대 기후

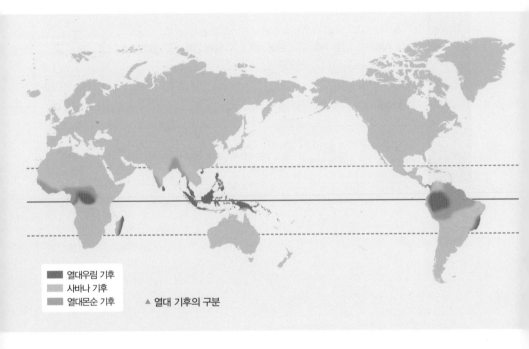

열대우림 기후
사바나 기후
열대몬순 기후

▲ 열대 기후의 구분

　열대 기후라고 하면 어떤 장면이 떠오르는가? 울창한 정글이나 수렵과 채집으로
살아가는 원주민들? 맞는 말이다. 열대 기후의 일부분이지만 말이다. 그러면 열대 기
후의 정의는 무엇일까? 일 년 내내 덥고 밀림으로 둘러싸인 곳이라고만 생각하기 쉽

지만, 꼭 밀림이어야 하는 것은 아니다.

열대 기후로 인정받기 위해서는 일 년 중 가장 추운 달의 평균기온이 18℃ 이상이어야 한다는 조건이 붙는다. 일 년 내내 여름인 셈이어서 계절의 변화가 미미하다. 계절의 변화가 거의 없어 연교차보다 낮과 밤의 일교차가 큰 지역이다.

연교차보다 일교차가 크다 하여 일교차가 진짜 큰 것도 아니다. 사계절마다 옷장을 새로 정리해야 하고, 황사와 장마 대비까지 해야 하는 우리 입장에선 그들의 삶이 조금 부럽기도 하다. 얼어 죽을 일도 없고 맛있는 열대과일까지 있으니 말이다. 다만 비가 자주 와서 일 년 내내 후덥지근하다.

▲ 열대 기후의 전형적인 주거지

▲ 열대 기후에서 자라는 열대 과일

열대 기후에 사는 사람들은 주로 짧고 얇은 옷을 입고 살며, 지역에 따라서는 옷을 거의 입지 않고 살아가는 이들도 있다. 이들이 사는 집은 덥고 습한 날씨 때문에, 통풍이 잘되어야 하며 무겁게 때려 붓는 장대비를 이겨내는 것이 중요하다. 그렇기에 창문을 크게 내어 바람이 잘 드나들게 하고, 지붕에 경사를 가파르게 주어 세찬 비에 집이 무너져 내리지 않도록 만든다. 수상 가옥이나 커다란 나무 위에 지은 집들도 종종 볼 수 있는데, 이는 땅에 사는 해충이나 동물의 습격을 피하고, 습기로부터도 집을 보호하기 위함이다.

먹을거리는 풍부하나, 덥고 습한 기후로 인해 음식이 상하기 쉽다. 그렇기에 음식의 부패를 막는 조리법을 선호하여 끓이거나 기름에 튀기는 요리, 열대 식물에서 나오는 향신료 문화가 발달했다.

이 지역은 예로부터 게을리 살아도 먹고 사는 데는 큰 지장이 없었다. 게다가 먹을거리를 많이 잡아 저장해봤자 쉽게 상하기 때문에 악착같이 무언가를 모을 이유도 없었다. 그날그날의 먹을거리만 채취하고 사냥해서 살아가는 문화였기에, 열대 기후의 사람들은 항상 느긋하다. 아이러니하게도 과거에 가장 풍요로웠던 열대 지방은 시간이 흐르면서 자본주의 사회에서는 가장 낙후된 지역 중 하나가 되었다. 반면, 상대적으로 추운 지역의 사람들은 자본을 통해 자신들을 보호해야하기에 악착같은 라이프스타일이 형성되었다. 열대 지방의 사람들은 고위도 사람들에 비해 여유로운 성격을 가져 경제발전도 늦은 편이다. 게다가 이미 서구 세력에 의해 착취를 당했던 지역이기 때문에, 상대적으로 불리한 위치에서 경제발전에 힘쓰고 있다.

열대우림 기후(Af)

열대 기후는 강수량의 계절 변화에 따라 열대우림, 사바나, 열대몬순 기후로 나누어진다. 열대 기후라고 해서 다 같은 양상이 아니라는 뜻이다.

열대우림 기후는 열대 기후 중에서도 연중 습윤한 기후다. 우리가 열대 기후라고 하면 가장 흔히 떠올리는 기후기도 하다. 아프리카 콩고분지의 열대우림, 인도네시아의 정글, 아마존의 셀바스 등이 흔히 떠올리는 전형적인 열대우림이다. 하지만 싱가포르처럼 대도시화가 진행된 곳도 있다. 열대우림 기후가 열대 기후 중 연중 습윤한 기후라고 했으니, 연중 습윤하지 않은 열대 지역도 있다는 뜻이다. 그 지역에 대해서는 조금 있다 다뤄보기로 하자.

열대우림 기후의 특징은 연중 적도 저압대의 영향으로 강수량이 많다는 것이다. 이 지역에서는 오후 3시에서 5시 정도에 내리는 '스콜' 현상을 볼 수 있다. 열대우림 지역은 일사량이 많다. 그 탓에 다른 지역이면 며칠에 걸쳐서 일어나는 구름 생성 과정이 하루 안에 일어나는 것이다. 한낮의 햇빛이 지면을 달구면 빠르게 구름이 만들어져 오후가 되면 먹구름이 비를 토해낸다. 스콜은 엄청난 폭우를 쏟아내고, 하늘은 언제 그랬냐는 듯이 다시 맑아진다.

매일같이 비가 오면 불편할 것 같지만, 스콜은 지면의 후끈한 공기를 오히려 시원하게 만들어주는 고마운 존재다. 강렬한 햇빛과 매일 내리는 비는 식물들의 성장을 화끈하게 돕는다. 열대에 빽빽한 우림이 만들어지는 이유다. 빽빽이 들어선 열대 식물들은 상록활엽수인데, 서로 햇빛을 잘 받기 위해 끊임없이 경쟁을 하며 하늘로 솟아오른다. 40~50m까지도 육박하는 열대 나무가 많은 이유다. 그래서 열대우림 속으로 들어가면 오히려 햇빛이 보이지 않는다. 경쟁적으로 치솟아 오른 나무들이 그늘을 형성하기 때문이다.

사실 우림 지역이 사람에게 그렇게 살기 좋은 지역은 아니다. 식생이 활발한 만큼 온갖 곤충과 동물의 위협에 시달려야 한다. 게다가 세균 번식도 활발해 말라리아나 황열병 같은 풍토병도 흔하다.

이 지역의 사람들은 어떻게 살아갈까. 빽빽이 들어선 숲 탓에 농사 지을 땅도 없지 않을까? 그렇기에 이들은 농사지을 땅을 확보하기 위해 전통적으로 이동식 화전 농업을 해왔다. 밀림의 나무를 벤 뒤 불을 질러 농사지을 땅을 얻는 것이다. 그리고 그 땅이 쓸모없어지면 다시 다른 지역으로 이동을 해서 같은 과정을 반복한다. 화전은 이들의 전통 생활방식이지만 최근 들어서는 환경 파괴의 요인으로 지적되기도 한다.

▲ 빽빽이 들어선 밀림을 볼 수 있는 열대우림 기후

삼림 파괴로 인해 사막화 속도가 빨라진다는 이유에서다. 요즘에는 수출 목적의 플랜테이션 농업도 한다. 카카오나 기름야자, 고무 등을 키워 수출한다.

여행자의 노트

열대우림 기후라고 꼭 아마존같이 탐험 정신을 갖고 떠나야만 하는 건 아닙니다. 화려한 도심 빌딩 숲을 자랑하는 도시국가 싱가포르도 열대우림 기후죠.

날씨가 좋길 바라며 싱가포르 여행 계획을 짜 두었는데 여행 직전 현지 날씨를 확인해보니 일주일 내내 '뇌우'라는 기상천외한 날씨가 뜬 적이 있습니다. 여행 스케줄을 바꿀 수는 없는 노릇이라 울며 겨자 먹기로 떠났었는데, 여행 기간 내내 환상적인 여름 날씨를 만났어요. 후덥지근한 우리네 여름과 달리 산뜻하게 따뜻한 여름 날씨가 이어졌죠.

그래서 일기예보가 잘못되었던 거냐고요? 그건 아닙니다. 하루에 한두 시간씩 스콜이 내리며 천둥 번개가 내리쳤으니까요. 그리고 언제 그랬냐는 듯 하늘은 다시 말갛게 변하더군요. 스콜이 내리는 시간을 이용해 딱 점심을 먹었고, 스콜이 멎으면 다시 선선해진 공기 속을 산책했습니다. 싱가포르라고 매번 산뜻한 여름인 건 아니에요. 지독한 더위에 시달렸다는 여행자들의 후기도 흔히 볼 수 있으니까요. 그렇지만 일주일 내내 이어지는 뇌우라는 일기예보는 그저 스콜을 의미할 확률이 높으니 괜히 겁먹지 않아도 된답니다.

- 지리 덕후

사바나 기후(Aw)

사바나는 열대 기후 중에서도 겨울이 건조한 지역을 뜻한다. 즉, 계절의 변화가 있다는 뜻이다. 여름에는 비가 많이 내리지만, 겨울이 되면 비가 내리지 않는다. 일 년 중 단 한 달이라도 강수량이 60mm에 미치지 않는다면 사바나 기후로 분류된다. 여름

▲ 아프리카 초원은 사바나 기후를 대표하는 곳이다.

에는 적도 저압대의 영향권에 들어가 우기가 되지만, 겨울에는 아열대 고압대의 영향권으로 들어가 건기가 되는 것이다.

열대우림 근처에 분포하며, 우리가 흔히 '동물의 왕국'이라고 일컫는 초원 지역이 사바나 기후에 해당한다. 겨울에 대륙이 메마르면 초식 동물은 떼를 지어 우기에 해당하는 반대 반구의 사바나 지역으로 먹을거리를 찾아 이동한다. 사바나의 겨울은 마실 물조차 흔치 않은 고된 계절이다. 여름이면 비가 풍부하게 쏟아지지만, 겨울이 메마른 탓에 열대우림처럼 키 큰 나무들이 자랄 수가 없다. 그저 키 큰 풀들만 초원을 뒤덮고 있고, 바오밥나무처럼 건조에 강한 나무들만 드문드문 서 있을 뿐이다.

아프리카 사바나 지역뿐만 아니라, 남미에는 베네수엘라의 야노스, 브라질 중부의 캄푸스 지역 또한 사바나 기후에 속한다. 게다가 인도차이나반도와 인도반도의 넓은 지역이 사바나 기후에 속하며, 놀랍게도 호주 북부 또한 사바나 기후다. 사바나 지역도 열대우림만큼은 아니어도 이동식 화전 농업이 진행되고 있으며, 목화, 커피, 사탕수수 등의 플랜테이션이 이루어지고 있다.

여행자의 노트

지난여름 여행지를 물색하다 일부러 건기인 곳을 선택했어요. 바로 인도네시아였죠. 인도네시아는 열대우림으로 유명하지만, 북부와 달리 동남부 플로레스해 지역은 사바나 기후예요. 그래서 건기와 우기의 구분이 뚜렷하죠. 7~8월이야말로 오히려 온도도 떨어지고 비도 오지 않는 여행 최적기랍니다. 족자카르타부터 롬복섬까지 3주를 누비고 왔습니다. 3주 동안 비는 딱 하루 왔었어요. 현명한 선택이었죠. 생각보다 훨씬 덥지 않아 아침저녁으로는 쌀쌀할 정도였어요. 그러니 이 시즌에 이곳을 여행할 예정이라면 카디건이라도 꼭 챙기세요. 만약 건기 때 발리의 예쁜 풀빌라를 빌리고 싶다면, 수영하기에 조금 추울 수도 있어요. 남국의 휴양지라고 무조건 따뜻할 거라고 생각하면 오산이에요.

－ 사진 찍는 여행자, 유진

열대몬순 기후(Am*)

열대몬순 기후를 우리말로 풀면 '열대 계절풍 기후'다. 열대는 아니어도 계절풍 기후에 속하는 우리나라 사람들은 이 기후를 쉽게 이해할 수 있다. 계절풍은 계절에 따라서 바람의 방향을 바꾼다. 허나 계절풍은 단순히 바람의 방향만을 바꾸는 것이 아니다. 여름에는 비를 몰고 오고, 겨울에는 가뭄을 몰고 온다. 특히나 여름엔 계절풍이

---

* 중요하진 않지만, m은 f(연중 습윤)와 w(동계 건조)의 중간형을 의미한다. 건조한 기간이 사바나에 비해 짧은 편이다.

제대로 홍수를 몰고 온다.

열대몬순 기후는 남부아시아와 동남아시아에서 가장 뚜렷하게 나타나는데, 계절풍의 영향을 가장 심하게 겪는 곳이 바로 벵골만이다. 히말라야산맥을 뒤로 낀 지형적 조건까지 겹쳐 지구 최고의 강수량을 자랑한다. 방글라데

▲ 열대몬순 기후로 대표되는 나라, 방글라데시의 풍경

시나 인도 아삼 지방에 매년 홍수로 인한 피해가 끊이지 않는 이유다. 인구 밀집도마저 높아 매년 인명 피해도 끊이질 않는다. 방글라데시 인근에 있는 인도 메갈라야 지방의 작은 마을 체라푼지는 세계에서 연간 강수량이 가장 많은 마을로 꼽히는데, 최대 연 강수량이 26,471mm, 최대 월 강수량은 9,300mm라는 믿기 힘든 기록을 가지고 있다. 이쯤 되면 홍수를 넘어 대재앙으로 느껴질지도 모르겠다.

이렇게만 보면 열대몬순 지역은 저주받은 기후가 아니냐 싶겠지만, 원래 축복과 재앙은 동시에 온다. 벼농사를 짓기에 최적의 기후기 때문이다. 우리나라에서는 남부지방에서나 겨우 2기작을 했는데, 열대몬순 지역에서는 3기작 아니, 4기작까지도 가능하다. 게다가 고지대가 만드는 일교차에 풍부한 일조량과 습도까지 더해져 질 좋은 차가 재배되기에 적격이다. 플랜테이션 농업으로 차 산업이 굉장히 발달했고, 세계적인 명품 홍차 브랜드인 다르질링과 아삼은 모두 인도 벵골만에서 재배되며, 실론티로 유명한 스리랑카 중부고원 또한 열대몬순의 영향을 받는 곳이다.

여행자의 노트

예술 교류의 일환으로 방글라데시에 초청받았습니다. 보통은 여행지로 잘 선택하지 않는 방글라데시에 방문한 계기였죠.

방글라데시는 흔히 세계에서 손꼽히게 비가 많이 오는 나라라고 하죠. 무려 일 년 중 7월부터 10월까지가 우기인데, 이 시기에 내리는 비가 한 해 강수량의 80%라고 합니다. 다카가 있는 수도권은 조금 낮다지만, 치타공이 있는 동남부 지역은 어마어마한 강수량을 자랑합니다. 그래서 현지인들은 살인적인 더위를 자랑하는 3~6월과 우기인 7~10월을 피해 11~2월에 방글라데시를 방문하길 추천하네요.

건기와 우기의 차이가 뚜렷해 건기에 떠나온 저는 한 달간 비를 단 한 방울도 맞지 않을 수 있었어요. 대신 공기가 건조해지며 공기의 질이 급격히 나빠진다는 사실은 고려하셔야 합니다. 건기에는 보통 초여름 같은 날씨가 이어지는데, 밤에는 꽤 서늘할 때도 있었어요.

방글라데시 여행은 불편합니다. 짙은 매연 냄새에 코가 막히기는 물론, 상수도 시설도 부실하고, 물을 모아둔 저수지에서는 모기떼가 득실거리기도 하죠. 하지만 그 어느 곳보다 밝고 행복한 사람들의 모습에 긍정적인 에너지를 잔뜩 받고 돌아왔습니다. 진흙으로 만든 붉은 색 벽돌집, 소박한 찻집에서의 담소, 복잡하지만 태연한 도로 위 풍경. 그 모두가 그리워지네요.

- 사진작가, 윤휘섭

예상보다 드넓은,
건조 기후

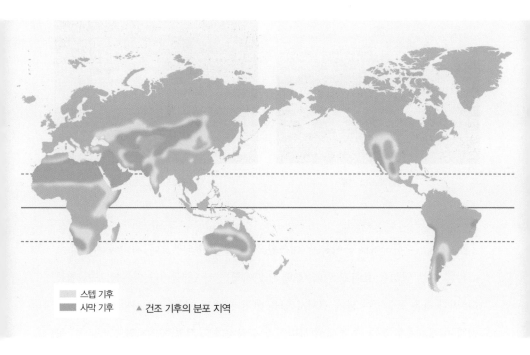

스텝 기후
사막 기후　▲ 건조 기후의 분포 지역

　적도에서 살짝 벗어나 슬슬 저위도 지역으로 올라가 보자. 열대우림을 지나 동물의 왕국 사바나도 지나면, 차례차례로 스텝과 사막이 펼쳐진다. 이곳이 바로 건조 기후라고 불리는 지역이다. 건조 기후라 하면 이색적인 모래사막부터 떠올라 지구상에

몇 없는 지역일 것만 같다. 하지만 지구에서 건조 기후가 차지하고 있는 비율은 생각보다 무시무시하다. 사실은 지구의 주류 기후라고 해도 과언이 아닐 정도다.

건조 기후는 강수량보다 증발량이 많은 기후다. 그래서 건조하다. 일반적으로는 연 강수량이 500mm 이하인 지역을 건조 기후라 칭하는데, 이 안에서도 연 강수량 250mm를 기점으로 스텝 기후와 사막 기후가 분류된다.

스텝 기후(BS)

▲ 몽골의 스텝 기후

▲ 아프리카의 스텝 기후

스텝Steppe은 한국어로 풀이하면 '대초원' 정도의 뜻이 되겠으나, 사바나 기후의 초원과는 다른 양상을 보이고 있다. 스텝 초원에서는 키 큰 풀이나 나무를 보기 힘들다. 키가 작은 풀들만이 넓게 펼쳐져 있을 뿐이다. 스텝 기후는 곧 사막이 펼쳐질 것이라는 예고기도 하다. 뉴스에서 사막화가 심각하다고 걱정하는 지역도 바로 이 곳이다. 특히 사하라사막 근교의 북아프리카 스텝 지역은 '사헬Sahel'이라는 이름으로 불리는데 이 지역의 사막화 현상이 심각한 것으로 알려져 있다.

스텝 기후는 연 강수량이 약 250~500mm인 곳인데, 여기서 250mm인 곳과 500mm인 곳은 겉보기에도 확실한 차이를 보인다. 건조 한계에 해당하는 500mm

부근은 풀이 비교적 길게 자라 사바나와 흡사한 모습을 볼 수 있다. 이 지역은 비옥한 토지가 형성되어 농사하기에도 썩 괜찮다.

연 강수량이 250mm에 가까워질수록 풀들의 키는 점점 작아진다. 이 부근의 사람들은 주로 목축업으로 살아간다. 소나 양, 말을 이끌며 유목을 하는 사람들이 대다수다. 농사를 짓기엔 부적합한 땅일지라도 가축 먹일 풀은 잔뜩 있으니 말이다.

가축을 데리고 풀을 찾아 이동하며 사는 이들이 바로 유목민인데, 유목민들의 삶은 가축에 크게 의존하고 있다. 이들은 가축을 통해 의식주를 모두 해결한다. 가죽으로 옷을 만들고 이동식 천막집을 지으며, 고기와 우유를 제공받는다. 요즘에야 이들의 삶도 현대화되어 트럭을 타고 이동을 한다지만, 옛날에는 가축이 훌륭한 교통수단까지 되어 주었다. 이곳에서는 가축을 방목하는 이들도 있다. 유목과 방목의 차이점이 뭐냐고? 가축을 데리고 풀을 찾아 떠돌아다니면 유목이고, 한곳에 정착해 울타리를 쳐놓고 가축을 풀어놓으면 방목이다.

여행자의 노트

초원의 나라 몽골은 대표적인 스텝 기후 여행지입니다. 우리와 같은 동북아라고 해서 '그렇게까지 날씨가 다르겠어?'라고 생각할지도 모르겠지만 그렇게까지 다르더군요.

몽골은 10월이면 벌써 첫눈을 만날 수 있답니다. 대부분의 여행자가 그렇듯 저도 7월에 몽골로 떠났습니다. 낮에는 기온이 30℃까지 올라가기도 합니다. 조금 덥지만 참을 수 있는 정도죠. 그런데 밤이 되자 4℃까지 떨어지는 날이 있었습니다. 이 정도면 완전 겨울 날씨인거죠! 낮에는 여름, 밤에는 겨울이라니! 낮에는 반팔을 입고 다니다가 해질녘부터는 매일 무스탕을 꺼내 입었습니다. 패딩 가져오라는 말에 반신반의

하며 챙겼는데 안 가져갔으면 큰일 날 뻔 했어요. 게르 안은 밤새 장작을 피워야 따뜻해져요. 그 전까진 추우니까 추위에 약하다면 핫팩도 꼭 챙겨가세요.

- 지리 덕후

사막 기후(BW)

▲ 모래사막(모로코의 사하라사막)

▲ 암석사막(미국 서부의 모뉴먼트 밸리)

사막이라고 했을 때 대부분의 사람은 고운 입자로 이루어진 모래사막을 떠올린다. 하지만 모래사막이 곧 모든 사막은 아니다. 실제로 모래사막은 지구 사막의 약 10% 정도만 차지한다. 그럼 다른 사막은 어떻게 생겼냐고? 사실 대부분의 사막은 암석사막인데, 이는 암석이 그대로 노출되어 있다하여 붙은 이름이다. 서부 영화를 떠올리면 생각나는 바로 그 사막이 암석사막 맞다. 실제로 미국 서부 사막의 약 98%가 암석사막으로 이루어져 있다. 하지만 놀랍게도 모래사막으로 대표되던 사하라사막의 약 80%, 아라비아사막의 약 70% 또한 암석사막으로 이루어져 있단다. 이 외에 자갈로 이루어진 자갈사막도 있다. 간혹 우리가 생각하는 사막의 모습에서 크게 벗어난 곳도 있는데, 볼리비아의 우유니 소금사막이나 미국의 화이트샌즈사막* 같은 곳이다. 사막의 세계는 넓고도 무궁무진하니, 사막은 곧 모래라는 공식을 이제 버릴 때가 온 것 같다.

사막 지역은 일반적으로 연 강수량이 250mm 이하인 곳을 말한다. 비가 '거의' 안 내리는 거지 '아예' 안 내리는 것은 아니다. 사막에 홍수가 났다고 하면 '무슨 말도 안 되는 소리 말라'고 할지도 모르겠지만 사막에도 홍수가 난다. 사막의 비는 소나기의 형태로 불규칙한 양상을 띠는데, 주로 폭우성 소나기다. 게다가 사막은 너무 건조해서 땅속으로 물을 흡수할 능력조차 없다. 비가 내리는 대로 즉시 강이 만들어져 흘러나간다.

사막의 홍수만큼이나 직관적으로 믿기 어려운 또 한 가지 사실은 '사막에서 얼어 죽을 뻔했다'라는 이야기가 아닐까. 사막 기후는 세계적으로 일교차가 큰 지역으로 유명하다. 습기가 없으니 그만큼 땅이 빨리 달궈지고 훅 식어 버린다. 낮에는 40℃ 이상 끓어오르면서 밤에는 10℃까지 뚝 떨어지기도 한다. 사막에 모래와 자갈이 많은 이유엔 큰 일교차도 한몫을 했단다. 일교차가 커서 커다란 바위도 쉽게 깨지고 쪼개진단다. 사막 여행을 염두에 두고 있다면 일교차 대비를 확실하게 해야 한다.

알다시피 사막은 식물이 살기에 적합한 환경이 아니다. 부족한 강수량 탓에 선인장 같은 특수한 식물들만 겨우 자랄 뿐이다. 이와 같은 극한 상황에도 인류는 살길을 모색해왔다. 외래하천**, 오아시스처럼 물이 있는 곳이라면 사람들이 모여 농사를 짓기 시작했다. 이들은 밀이나 대추야자, 보리 등을 주로 재배한다. 지하 관개수로를 통한 관개 농업도 발달했다. 지하수가 지나가는 길에 수직으로 갱을 파서 물을 끌어올려 지하수로로 연결하는 식이다.

사막에서는 나무를 구하기가 힘들어 전통적으로 흙을 이용해 집을 지어 왔다. 흙

• 화이트샌즈사막은 석고가루 사막이라 눈이 쌓인 것처럼 새하얀 풍광을 자랑한다.

• 환경이 다른 외부 지역에서 흘러 들어오는 하천을 뜻한다. 습윤 지역에서 만들어진 하천이 사막에도 흐르는 것이다. 이집트의 나일강, 이라크의 티그리스강과 유프라테스강 등이 이에 해당한다.

▲ 말리의 중세 이슬람 도시 젠네의 모스크

▲ 모로코의 사막 마을 아이트벤하두
이국적인 풍경 덕에 할리우드가 사랑하는 촬영지다.
〈글래디에이터〉, 〈미이라〉 등이 이곳에서 촬영되었다.

으로 만든 건축물은 사막 지역에서 예술의 경지에 다다랐다. 흙 건축물은 주위 경관과 어우러짐은 물론 사막 기후에서 살기에도 적합하다. 실내를 서늘하게 유지해 주고 통풍도 잘 되기 때문이다. 비가 자주 오지 않으니 지붕에 경사를 만들 이유가 없어 지붕은 평평하다. 사막 산지에 만들어진 경우, 아랫집 지붕이 윗집 마당이 되는 경우도 있다.

여행자의 노트

여행자들이 비교적 쉽게 사하라의 모래사막을 만날 수 있는 입문 지역은 크게 두 곳이 있습니다. 바로 모로코와 이집트지요. 저는 모로코에서 사하라 투어를 다녀왔습니다. 아틀라스산맥을 넘어 다양한 사막 지역을 둘러보며 하이라이트인 메르주가의 모래사막으로 향하는 루트였습니다.

아프리카는 무조건 더울 것이라고요? 겨울에 찾은 아틀라스산맥은 눈에 덮여 있기도 했고, 밤이면 기온이 영하까지 떨어져 한국만큼 추웠습니다. 사막 지역은 낮이 되면 10℃ 대로 올라가지만, 그늘 지역은 여전히 춥고 실내는 우리보다 훨씬 춥죠. 히터마저 없다면 오로지 두꺼운 카펫을 깔고 두꺼운 옷으로 몸을 여미는 방법만이 살길입니다. 일몰을 볼 때는 무리가 없지만, 일출을 보기 위해 사구 위에 올랐다면 밤새 차가워진 모래에 깜짝 놀랄 거예요. 하지만 아름다운 모래사막과 별이 쏟아질 것 같은 밤하늘은 이 모든 불편함을 보상해주죠.

사막 여행을 여름과 겨울 중에서 굳이 고르자면 겨울이 낫겠습니다. 여름에는 낮 최고기온이 50℃까지도 오를 수 있거든요. 물론 사하라 여행의 최적기는 가을이랍니다. 왜 봄보다 가을이냐고요? 봄에는 모래폭풍과 만날 가능성이 가장 높다고 하네요! 고가의 카메라가 모래 입자에 망가지는 장면을 보고 싶지 않다면 피하는 편이 좋겠죠.

- 지리 덕후

개성 강한 계절의 향연,
온대 기후

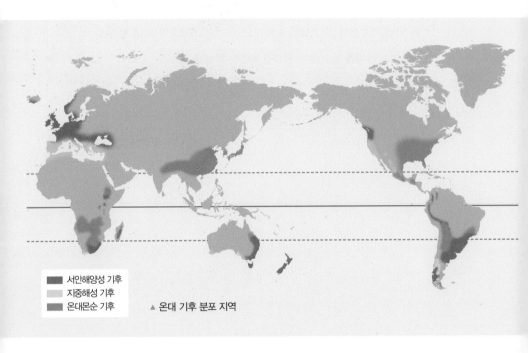

서안해양성 기후
지중해성 기후
온대몬순 기후

▲ 온대 기후 분포 지역

이제 중위도 지역으로 올라왔다. 온대 기후 지역은 지구상에서 가장 많은 사람들
이 살고 있는 기후대이며, 이름처럼 비교적 온난한 날씨를 보이는 곳이다. 사계절의
변화가 가장 뚜렷한 지역이기에 의식주도 다양하게 발달했다. 더운 여름과 추운 겨

울을 모두 버텨내야 하기 때문이다. 온대 기후 지역은 가장 다채로운 기후 양상이 펼쳐지는 만큼 지역적으로도 다양한 세부 기후로 나눌 수 있다. 여기서는 지역적 분포에 따른 큰 틀로 나누어 서안해양성 기후, 지중해성 기후, 온대몬순 기후로 구별해 보았다.

서안해양성 기후(Cfb)

▲ 비가 오는 런던의 풍경

▲ 아일랜드의 킬라니언덕. 아일랜드는 흐린 날이 대다수며, 안개도 짙게 깔리는 것으로 유명하다.

위도 40~60°의 대륙 서안에서 주로 볼 수 있다 하여 '서안해양성 기후'라는 이름이 붙었다. 서늘한 여름과 따뜻한 겨울, 연중 고른 강수량이 특징이다. 북서부유럽에서 가장 뚜렷하게 나타난다.

세계지도를 보면 북서부유럽은 생각보다 고위도에 있는데 어째서인지 그렇게까지 추운 이미지가 아니다. 바로 편서풍과 북대서양 난류*의 영향 때문이다. 연중 해안에

• 북대서양 난류, 북대서양해류, 멕시코만류, 멕시코해류는 모두 같은 해류를 뜻한다. 이 해류가 따뜻한 멕시코만에서 만들어져 북동쪽으로 흘러 올라오기 때문이다.

서 편서풍이 불기에 같은 위도의 대륙 동안에 비해 따뜻하고 연교차도 작다. 게다가 따뜻한 지역에서 만들어진 난류가 올라와 위도에 비해서도 따뜻하다.

이 난류의 힘이 얼마나 대단한지는 노르웨이의 기후 양상으로 알 수 있다. 북반구에서 세로로 긴 나라라면 당연히 북쪽으로 갈수록 춥고, 남쪽으로 갈수록 따뜻한 것이 진리일 테다. 하지만 노르웨이만큼은 조금 다르다. 노르웨이의 수도 오슬로는 북위 60°에 있고, 1월 평균 기온은 -2.9℃다. 하지만 북위 67°에 위치한 북극권의 항구 도시 보되는 1월 평균 기온이 고작 -1.1℃에 불과하다. 왜 그런가 하면, 오슬로와 달리 보되는 서부 해안가에 위치해 난류의 영향을 직접적으로 받기 때문이다. 참고로 북위 37°에 위치한 서울의 1월 평균 기온은 -2.4℃.

▲ 오슬로보다 훨씬 고위도에 위치한 북극권 항구도시 보되가 더 따뜻하다.

대륙 동안과 서안의 차이가 확 다가오지 않는가? 상당히 고위도에 위치한 아이슬란드가 생각보다 춥지 않은 것도 모두 이 난류 덕분이다.

연중 고른 강수량도 서안해양성 기후의 포인트다. 덕분에 홍수나 가뭄 걱정이 덜하고, 하천의 유량이 일 년 내내 큰 차이가 없어 내륙 수운도 발달할 수 있었다. 과거에는 화물을 이동하는 데 큰 도움이 되었을 것이고, 현재는 관광객들을 안정적으로 모으는 데도 유리하다. 런던의 템스강이나 파리의 센강이 툭 하면 홍수로 범람했다면, 지금처럼 관광객을 모으기 힘들어졌을 것이다. '오늘은 유람선 운영이 불가능합니다.'라는 긴급 공지를 자주 띄워야할 테니 말이다.

여기까지만 들으면 서안해양성 기후는 꽤 아름답게 들린다. 서늘한 여름과 따뜻한 겨울, 연중 고른 강수량에 일교차마저 작다니! 우리나라 사람 입장에선 그럴 수 있다. 무더운 여름과 매서운 겨울, 한 계절로 극단적으로 치우친 강수량, 무서운 연교차를 모두 자랑하고 있으니 말이다. 하지만 우리가 흔히 영국 날씨를 상상했을 때 떠올리는 바로 그 날씨도 서안해양성 기후라는 점을 잊지 말아야 한다.

자욱한 안개나 가득히 낀 먹구름을 떠올리지 않으셨는지. 맞다. 서안해양성 기후의 가장 큰 특징 중 하나는 연중 흐린 날씨다. 안개가 자주 끼고 비도 자주 내린다. 시시때때로 변하는 날씨는 변덕스럽기까지 하다. 한마디로 사람이 우울해지기 쉬운 날씨다. 이곳 사람들은 햇볕이 내리쬐는 한여름이 되면 신이 나서 집 밖으로 나온다. 그리고 일단 어디든지 곧잘 눕는다. 광합성을 못 해 안달 난 식물처럼 열심히 햇볕을 쬔다. 여름이 되면 선크림을 잔뜩 바르고 그늘로 도망가는 우리의 여름과는 사뭇 다른 풍경이다.

이 지역은 혼합 농업이 발달했다. 농작물을 키우면서 가축을 함께 키우는 방식이다. 현대에 들어서는 낙농업과 원예농업이 발달했다. 딱 '유럽스럽지' 않은가? 신선한 우유와 치즈를 좋아하고, 정원 가꾸기가 취미인 사람들이니 말이다.

▲ 화훼 농업이 발달한 네덜란드의 시골 풍경

마지막으로 '서안해양성 기후'라는 이름에 대해 한번 짚고 싶은데, 이 기후가 분포하고 있는 지역대는 북서부유럽 외에도 존재한다. 북아메리카대륙 서안의 일부인 밴쿠버와 시애틀이 서안해양성 기후를 띠고 있다. 남반구로 가면 시드니가 있는 호주 남동부와 뉴질랜드가 포함되며, 남미와 아프리카의 남부에서도 일부 서안해양성 기후를 보이고 있다. 여기서 뭔가 조금 이상하지 않은가. 이 기후가 남반구에서는 대륙 서안이 아닌 대륙 동안에서 주로 나타난다는 점이다. 난류의 진행 방향이 북반구와 남반구에서 다르기 때문이다. 그러니 '서안'해양성이라는 말도 반은 맞고 반은 틀린 이름이 아닐까 싶다.

여행자의 노트

영국 런던, 케임브리지, 브리스톨에서 살았습니다. 영국의 날씨는 하루에도 여러 번 바뀔 만큼 변덕스러워요. 비는 겨울에 조금 더 오긴 하지만 일 년 내내 오는 편입니다. 하지만 대부분은 비를 맞고 다녀요. 바람이 세서 우산을 써도 소용없으니까요. 하지만 대부분 가랑비니까 크게 걱정하진 않으셔도 됩니다. 혹시나 비가 많이 온다면 그때그때 드럭스토어에서 우산을 사는 편입니다.

겨울에는 전반적으로 하늘이 항상 우중충합니다. 우리나라보다 온도는 높은데 체감온도는 싸늘해요. 심지어 오래된 집이라면 벽이 얇고 창문도 단창이라 겨울에 매우 추워요. 오로지 히터 하나로 버텨야 할 수도 있어요. 해도 워낙 빨리 져서 4시나 5시만 되어도 해를 볼 수 없고요. 일조량이 너무 적죠. 봄과 여름이 되어 햇빛이 나는 날엔 사람들이 잔디밭에 가서 누워 있는 모습을 보실 수 있어요. 겨우내 못다 한 광합성을 하는 것처럼요.

여행을 준비한다면 아무래도 여름이 좋겠네요. 날씨도 좋고 해도 기니까요. 다만 요즘은 이상기후 때문에 30℃ 이상으로 올라갈 때도 있답니다.

- 6년차 영국 유학생, 정다은

지중해성 기후(Cs)

▲ 지중해의 그림 같은 풍경으로 유명한
그리스 산토리니. 뜨거운 햇빛을 최대한
반사하기 위해 건물을 하얀색으로 칠했다.

▲ 중세 마을과 아름다운 언덕, 질 좋은 포도 재배로
유명한 이탈리아의 토스카나 지방.
영화 〈투스카니의 태양〉의 배경이 되기도 하였다.

이번에는 아름다운 휴양지를 많이 배출해 낸(?) 지중해성 기후를 만나보자. '지중해성 기후'이지 '지중해 기후'가 아니다. 꼭 지중해가 아니어도 이 기후를 만날 수 있기 때문일지도 모르겠다. 위도 $30 \sim 40°$의 대륙 서안에서 나타나는 기후로, 이 조건에 부합하는 다른 지역 역시 지중해성 기후에 해당한다. LA와 샌프란시스코가 있는 미국 캘리포니아주, 남아공의 남서부, 호주의 남서부, 칠레의 중부가 이와 같은 기후를 보이고 있다.

지중해성 기후는 여름과 겨울의 구분이 뚜렷하다. 여름철이 되면 이곳은 아열대고압대의 영향을 받게 된다. 뜨거운 햇살이 쏟아지는데 우리네 여름과는 달리 비가 오지 않는 것이다. 지중해성 기후는 여름은 무조건 '고온다습'하다는 편견을 깨부순다. 이들의 여름은 '고온건조'다. 어딜 가나 습도에 땀범벅이 되던 우리네 여름과는 달리, 그늘로 들어가면 비교적 서늘해져 한숨을 돌릴 수 있다.

그렇다고 덥지 않은 것은 아니다. 작렬하는 한낮의 태양 앞에선 그저 온몸이 불타오르는 느낌이다. 지중해 나라들이 괜히 시에스타*를 도입한 게 아니다. 이 날씨 덕에 경엽수 농업이 활성화되었는데, 단단한 나무껍질과 작고 두꺼운 잎으로 대표되는 식물들이다. 즉 올리브, 코르크, 포도, 오렌지 등을 키우기에 적합하다.

　반대로 겨울은 편서풍의 영향권으로 들어서 우기가 된다. 우리나라의 겨울은 '한랭건조'하지만, 이들의 겨울은 '온난다습'하다. 그렇다고 이들의 겨울을 만만하게 봐서는 안 된다. 겨울이 애매하게 추운 이 지역들은 난방 시스템이 잘 갖춰져 있지 않기 때문이다. 사실 전통을 중시하는 지중해 나라들은 더운 여름에도 에어컨조차 잘 갖추지 않은 곳이 많다.

여행자의 노트

몰타라는 나라를 들어보셨나요? 지중해에 있는 아주 작은 섬나라랍니다. 얼마나 작은가 하면 제주도의 1/6 크기예요. 이곳은 몰타어와 함께 영어를 공용어로 사용해 어학연수지로도 알려져 있어요.

저는 이곳에서 봄과 여름을 보내고 온 적이 있답니다. 4월까지는 날씨가 은근히 추웠습니다. 한국에서 출국할 때 입고 온 단 한 벌의 아우터를 계속 입고 다녀야 했어요. 지중해라는 말이 무색하게 한국보다 추울 때도 있었고, 비도 종종 왔지요. 5월이 되자 언제 그랬냐는 듯 화창하고 따뜻한 여름 날씨가 이어졌습니다. 환상적이었죠! 물놀이도 실컷 했습니다. 문제는 6월부터였어요. 너무 더운 거 있죠? 살갗이 곧바로 탈 것 같은 직사광선을 쬐는 느낌이었습니다. 덕분에 선글라스와 한 몸이 되

・ 지중해와 중남미에서 볼 수 있는 낮잠 풍습이다. 한낮에는 더운 날씨 탓에 일을 하기 힘들므로 잠시 쉬고, 한낮의 열기가 조금 꺾일 즈음부터 다시 일하자는 취지다. 여름에 이들 나라 여행을 계획하고 있다면 시에스타 시간대를 유의해야 한다.

어 생존했네요.

아, 지중해성 기후는 여름에 비가 안 온다더니 진짜였어요. 여름 내내

단 한 방울의 빗방울도 만나지 못했거든요. 단 한 방울도요.

- 지리 덕후

온대몬순 기후(Cm)

▲ 일본의 논. 온대몬순 기후에 해당하는
동아시아 지역은 일찍이 벼농사가 발달했다.

▲ 중국 광시좡족 자치구의 계단식 논

온대몬순 기후는 위도 30~40°의 대륙 동안에서 볼 수 있다. 이름 그대로 온대 기후대에서 계절풍의 영향을 강하게 받는 지역이다. 건기와 우기가 뚜렷하다. 게다가 대륙 동안에 위치해 연교차도 매우 크다. 온대몬순 기후는 세계에서 가장 큰 유라시아대륙 동안에서 제일 뚜렷하게 나타난다. 이 지역은 겨울에는 시베리아에서 불어오는 대륙풍을 받고, 여름에는 태평양에서 습기를 가득 머금은 바람이 불어온다. 한국, 중국, 일본에서 모두 이 기후대를 만날 수 있다. 온대몬순 지역은 여름이 고온 다습해 벼농사에 적격이다. 한·중·일이 다 쌀밥을 지어 먹고 사는 데는 다 이유가 있었

다. 그렇다고 모든 지역이 온대 기후인 것은 아니다. 세 나라 모두 북부 지역은 냉대 기후에 속한다. 우리나라의 경우 중부 지역부터는 냉대 기후에 넣기도 하는데, 다들 알지 않은가. 서울의 겨울이 얼마나 매서운지는. 서울이 온전히 온대 기후에 속하기에는 무리가 있었나 보다.

사실 쾨펜의 기후 구분을 살펴보면 '온대몬순'이라는 용어보다는 '온난습윤 기후 Cfa'와 '온대하우 기후Cw'로 나눠서 구분하고 있다. 둘 다 계절풍의 영향을 받는다는 공통점이 있지만, 그래도 이 두 지역의 차이점은 '건기와 우기의 정도 차이'에 있다. 온대하우 기후에서 그 차이가 더 뚜렷하다. '하우夏雨'란 여름비를 뜻한다. 여름에 비가 오는 지역이란 뜻이다. 비슷하지만 다른 이름으로 '온대동계소우冬季少雨 기후'라고도 한다. 이 지역의 여름은 남서계절풍의 영향을 많이 받아 거의 열대 기후와 비슷한 날씨가 된다. 우리나라의 경우 서해안, 동해안을 포함한 해안가는 온난습윤 기후에 속하고, 남부 내륙지방은 온대하우 기후에 속한다. 아직 잘 이해가 안 간다고? 그럼 한국지리로 접근해보는 건 어떨까? 온난습윤 기후는 한국지리에서 말하는 해양성 기후고, 온대하우 기후는 한국지리에서 말하는 대륙성 기후다.

여행자의 노트

옆 나라 일본과 중국도 '대부분'이 온대몬순 기후입니다. 같은 기후대라고 방심하기엔 동아시아는 매우 넓은 지역이고, 지역 별로 많은 차이가 나니까요.

일본의 온대지역은 대부분 우리나라보다 따뜻합니다. 바다의 영향을 많이 받기 때문이죠. 도쿄와 오사카 모두 부산과 제주보다 따뜻합니다. 후쿠오카는 이보다 더 아래에 있어 더욱 따뜻하죠. 일본의 여름은 말 그대로 무더우니 가능하면 피해주세요! 겨울 여행은 추천할 만합니다.

하지만 온돌이 없어 실내가 춥게 느껴질 수 있답니다. 히터라도 마음껏 틀 수 있는 숙소를 고르세요.

중국은 땅이 넓어 더욱더 내가 가는 지역의 기온을 꼼꼼하게 체크하고 떠나야 합니다. 위도와 고도에 따라 천차만별이니까요! 여름에 중국 여행을 떠난다면 꼭 알아두어야 할 팁이 있습니다. 계절에 상관없이 찬물 대신 매번 뜨거운 차를 주니까요. 어디 물 뿐이겠어요? 맥주며 음료수도 상온에서 보관한 걸 준답니다. 이럴 때는 꼭 문장 마지막에 '冰的(삥더)'를 붙여 줘야 해요. '차가운 것'이라는 뜻이에요. 알겠죠? 삥더!

— 지리 덕후

바다가 얼기 시작하는,
냉대 기후

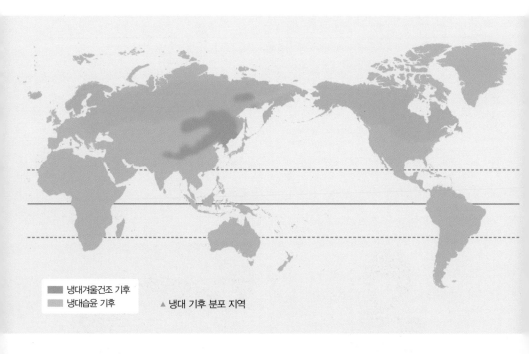

냉대겨울건조 기후
냉대습윤 기후

▲ 냉대 기후 분포 지역

　드디어 고위도의 냉대 기후 지역까지 왔다. 냉대 기후로 분류되기 위해서는 일 년 중 가장 더운 달의 평균기온이 10℃ 이상이어야 하고, 가장 추운 달의 평균기온이 -3℃ 이하여야 한다는 조건이 붙는다. 하지만 최한월의 평균기온을 -3℃가 아닌

0℃ 이하로 잡는 기준도 있다. 0℃를 기준으로 적용했을 때만 한반도 중부 지역이 냉대 기후에 포함된다. 서울의 1월 평균 기온이 -2.4℃로 -3℃에는 조금 덜 미치기 때문이다. 엄밀히 -3℃ 기준을 적용한다면 한반도 중부는 온대 기후에 들어가는 셈이다. 우리나라는 냉대와 온대의 한계에 있다고 생각하면 되겠다.

냉대 기후를 항상 추운 지역이라고만 생각하면 곤란하다. 세계 기후 중 연교차가 가장 큰 기후이기 때문이다. 겨울철에 -40℃까지도 거뜬히 내려가는 시베리아가 한대 기후가 아닌 냉대 기후인 이유는? 여름철 평균 기온이 10℃ 이상이기 때문이다. 세계 최대 연교차 기록을 세웠다는 러시아 베르호얀스크는 1월 평균기온이 -45.4℃이고, 7월 평균 기온이 16.5℃다. 연교차 평균이 61.9℃까지나 벌어지는 셈이다. 연교차가 28.1℃인 서울도 세계적으로 연교차가 큰 도시 중 하나로 꼽히는데, 베르호얀스크의 연교차는 어마어마한 기록이 아닐 수가 없다.

냉대 기후가 펼쳐진 지역을 한 번 살펴보자. 옆의 지도를 보고 뭔가 이상한 점을 발견하신 분이 있을지도 모르겠다. 북반구엔 냉대 기후 지역이 저렇게나 넓은데, 남반구에서는 냉대 기후를 볼 수 없다는 점이다. 왜일까? 생각보다 답은 간단하다. 냉대 기후는 고위도의 넓은 대륙에서 볼 수 있는데, 남반구에는 냉대 기후가 만들어질 만한 위도에 거대한 대륙이 하나도 없기 때문이다.

▲ 러시아 여성의 겨울 의복

▲ 러시아의 대표 수프 요리 보르쉬
냉대 기후 나라엔 따뜻한 수프 요리가 발달했다.

▲ 시베리아의 가옥

냉대 지역은 당연히 겨울이 길고 추울 수밖에 없다. 이들의 의식주는 긴 겨울을 잘 버텨내는데 초점이 맞춰져 있다. 이들의 의복은 전통적으로 동물의 모피와 가죽을 이용한 두꺼운 옷이었다. 털모자도 세트나 다름없다. 음식은 긴 겨울 동안 어떻게 잘 보관할 수 있느냐가 포인트다. 고기와 생선은 말려서 보관하고, 소금에 절인 식품이나 당도가 높은 잼 등이 발달했다. 추운 겨울을 이겨낼 수 있는 따뜻한 수프 요리도 별미다. 러시아의 경우 따뜻한 차를 즐겨 마시기도 하며, 알코올 도수가 높은 보드카도 유명하다. 도수가 높은 술은 마신 직후 온몸이 뜨겁게 달아오르는 느낌이 들기 때문이다.

가옥 또한 보온에 중점을 맞췄다. 벽을 두껍게 짓는 것은 물론, 이중벽을 설치하기도 한다. 창문은 비교적 작게 짓고, 이중창을 달아 추위로부터 집을 보호한다. 벽난로와 온돌 시스템도 발달했다. 눈이 많이 오는 지역이라면 경사가 급한 지붕도 필수다. 전통적으로 집은 나무로 지어왔다. 침엽수림이 끝도 없이 펼쳐져 가장 구하기 쉬운 재료기 때문이다.

냉대겨울건조 기후(Dw)

한반도 중부 지역이 냉대 기후의 출발점이라는 이야기를 했는데, 앞서 말했던 냉대 기후의 특징을 읽고 고개를 살짝 갸웃했을지도 모르겠다. 한국에선 10℃ 대의 서늘한 여름은커녕 무더위와 맞서야 하니까 말이다. 문화적으로도 앞선 설명과는 조금

162

다르다. 확실히 한반도 인근 냉대 지역의 특징은 다르다. 한반도의 냉대 기후 지역은 '냉대겨울건조 기후'라는 하위 기후에 속하기 때문이다. 시베리아 내륙의 남동부 지역, 중국의 만주지역, 러시아의 연해주, 한반도 중북부, 즉 동북아시아 내륙이 해당 기후에 속한다.

▲ 러시아 연해주의 블라디보스톡

▲ 중국 북동부 헤이룽장성의 도시 하얼빈
겨울의 빙등제로 유명하다.

이 기후는 냉대동계소우 기후라고도 불린다. 이름에서 벌써 감을 잡았을지도 모르겠다. 계절풍의 영향을 받는다는 사실을. 겨울은 시베리아에서 불어오는 대륙풍의 영향을 받아 춥고 건조하지만, 여름에는 기온이 상당히 올라가 연교차가 크게 나타난다*. 여름 계절풍의 영향을 받아 여름에는 집중적으로 많은 비가 내린다. 반대로 겨울에는 강수량이 급격하게 줄어 건조해진다. 냉대 기후임에도 이 지역 사람들은 그다지 눈에 익숙하지 않아, 어쩌다 한 번 폭설이 내리면 온 도시가 우왕좌왕하기도 한다. 어떤가? 이제 좀 우리 이야기에 가깝지 않은가.

이 기후의 식생은 조금 더 다채롭다. 북부의 경우엔 침엽수림이 형성되지만, 한반도

---

* 연교차가 가장 많이 나는 세계의 수도 랭킹에서 서울은 당당히 6위를 차지했다. 참고로 3위는 평양이다. 1위는 몽골 울란바토르, 2위는 카자흐스탄 누르술탄(아스타나), 4위는 캐나다 오타와, 5위는 중국 베이징이다. 상위권에 랭크한 도시 대부분이 대륙 동부 내륙에 위치한 냉대 기후 지역이라는 것을 알 수 있다.

같은 남부 지역에서는 여러 종류의 나무로 이루어진 혼합림이 나타난다. 일반적으로 농작물을 재배하기엔 불리하지만, 남부에서는 간간이 논농사가 가능한 곳도 있다.

여행자의 노트

블라디보스톡에서 2년 반 파견 근무를 했습니다. 당시엔 한국인 방문객이 거의 없는 조용하고 재미없는 도시였는데, 이제는 인기 여행지가 되었네요! 현재는 도시의 인기 상승에 힘입어 이곳을 취재하고 알리는 역할을 하고 있습니다. 현지인들도 아시아 친화적인 편이고, 신선한 해산물 요리로도 정평이 나 있어 여행지로 제격이죠.

연해주는 놀랄 만큼 우리와 비슷한 지형이에요. 평지만 있는 시베리아와 달리 우거진 산과 언덕에 친근감이 들어요. 가을엔 단풍이 들기도 하고요. 하지만 이곳의 겨울은 꽤나 길답니다. 어쩌다 눈이 한번 오면 비처럼 쏟아져요. 몇 시간 만에 엄청난 눈이 쌓이게 되죠. 이러한 일을 종종 겪다 보니 이곳 사람들은 폭설에 익숙한 편입니다. 문제는 눈이 내린 후 모든 길이 빙판이 될 때에요. 스케이트장이 따로 없다니까요.

블라디보스톡은 생각보다 날씨가 변덕스럽습니다. 갑자기 거센 바람이 불거나 안개가 끼고 하루에도 시시각각 날씨가 변하기 때문에 시간별 날씨 체크는 필수예요. 블라디보스톡을 여행하고 싶다면 기본적으로 8~9월 방문을 추천합니다. 6~7월은 우기가 있어 해를 보기 어려울지도 모르거든요. 여름엔 크게 습하지 않으니 액티브한 도시 분위기를 느끼기 좋습니다!

— 〈트립풀 블라디보스톡〉, 〈이지 시베리아횡단열차〉 작가, 서진영

냉대습윤 기후(Df)

▲ 시베리아의 타이가 지대. 빽빽하게 찬 침엽수림과
일 년 내내 고른 강수량이 특징이다.

▲ 숲과 호수, 그리고 산타의 나라 핀란드의 전경

냉대습윤 기후 지역은 고위도저압대의 영향으로 일 년 내내 비나 눈이 자주 내린
다. '타이가'라고 불리는 침엽수림대가 아주 넓게 펼쳐져 있다. 우리가 시베리아를 생
각했을 때 떠오르는 그 풍경의 주인공이다. 캄차카반도와 사할린섬, 쿠릴열도를 포
함해 러시아의 대부분이 냉대습윤 기후이며, 스칸디나비아반도의 대다수도 포함된
다. 북미지역에서는 캐나다와 알래스카의 대부분이 냉대습윤 기후다.

재미있게도 일본의 홋카이도와 북동부 지방, 우리나라의 강원도 일부도 이 기후에
해당한다. 같은 동아시아 지역이라 일 년 내내 다 같이 계절풍의 영향을 받을 것만
같지만, 겨울에도 눈이 유난히도 많이 오는 지역은 냉대습윤 기후에 속한다. 동계올
림픽이 열렸던 평창도 냉대습윤 기후다.

냉대습윤 기후는 사람이 살기에 썩 좋은 기후는 아니다. 토양은 포드졸이라 부르
는 회백색 산성 토양이 주를 이루는데, 침엽수가 자라기엔 좋지만 농사를 짓기에는
불량토양과도 다름없다. 호밀, 귀리, 감자 등 냉량성 작물 위주로만 재배하는 편이다.
날이 대부분 흐리니 음산한 풍경에 우울증이 오기도 쉽다. 게다가 '냉대'와 '습윤'이
라는 단어가 만났다. 추운데 습기까지 있으면 감기 걸리기에 딱 좋다고 하지 않는가.

▲ 타이가 지대는 세계적인 벌목 지대로
펄프, 제지 산업이 발달했다.

뼛속 깊이 스며드는 추위를 경험할 수 있는 곳이다.

그렇다고 단점만 있는 것은 아니다. 우선 끝이 안 보이는 침엽수림 덕에 펄프, 제지 등 임업은 세계 최고 수준에 도달했다. 혹시 약간 음울한 취향을 가지고 있다면, 이 침엽수림과 눈 덮인 겨울이 아름답게 느껴질 것이다.

게다가 크리스마스 로망을 실현하기에 가장 적격인 곳이다. 커다란 가문비나무 숲에서 맞는 화이트 크리스마스, 그리고 아기자기한 나무집과 벽난로라니. 정착할 용기까지는 안 나더라도, 매년 12월이 되면 문득 부러워질 것 같다.

여행자의 노트

핀란드의 탐페레에서 1년 동안 교환학생으로 있었습니다. 수도 헬싱키에서 북서쪽으로 차로 2시간 걸리는 도시예요. 흔히 핀란드는 숲과 호수의 나라라고 하잖아요. 그만큼 자연으로 둘러싸여있어 도심에서도 충분히 힐링이 되죠. 핀란드 사우나를 즐기다 호수로 풍덩 뛰어드는 경험은 정말 최고였어요.

핀란드를 여행한다면 여름을 추천해요. 지구온난화로 30℃ 이상 올라가는 날이 늘어나고 있지만 그래도 여행하기 최적의 시즌이에요. 게다가 해가 길어 여행하기에 제격입니다. 여름에는 밤 10시까지도 밝아서 신기했었어요. 본격적인 가을이 되면 한 달 내내 구름이 해를 가리기도 합니다. 우울해지기 딱 좋은 날씨죠. 비도 많이 왔고요. 그러니까 가을 여행은 비추천입니다. 겨울에는 눈이 정말 많이 와요. 언제나 길에 눈이 쌓여 있지요. 바람이 세게 부는 날이면 정말 춥습니다. 하지만 바람이 부는 날에는 하늘이 깨끗해 운이 좋으면 오로라와 만날 수 있겠죠!

- 핀란드 교환학생, 이상아

눈과 얼음의 땅, 한대 기후

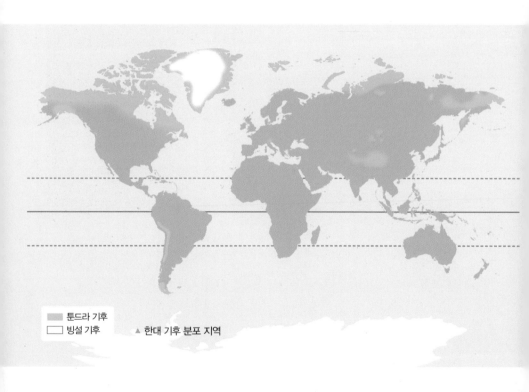

■ 툰드라 기후
□ 빙설 기후

▲ 한대 기후 분포 지역

우리는 열대 기후에서 출발해 이제 지구에서 가장 추운 지역까지 올라왔다. 한대 기후가 냉대 기후와 다른 점이라고 한다면, 일 년 내내 기온이 낮아 나무가 자랄 수 없다는 것이다. 보통 그 기준점을 '최난월 평균기온 10℃'로 잡는다. 나무가 없다고 식물이 없는 것은 아니다. 여름을 맞아 기온이 영상으로 오르는 순간, 수많은 이끼들이 빼꼼 고개를 내미니까. 하지만 이조차도 한대 기후 중에서 툰드라 기후에만 한정된 이야기다. 식물이 살 수 없는 빙설 기후도 있으니 말이다.

툰드라 기후(ET)

툰드라 기후는 북극해 연안과 그린란드 해안에 주로 분포하며 칠레 남단에서도 나타난다. 툰드라 기후에서는 그나마 여름철 기온이 영상으로 올라가 짧은 여름을 볼 수 있다. 기나긴 극야가 끝나고 백야가 본격적으로 시작된다. 대자연은 2~3개월의 여름이라는 달콤한 순간을 위해 나머지 달을 굳건히 버텨왔다. 우리의 기준으로 여름이라

▲ 툰드라 기후의 여름

기엔 여전히 추울지라도 이 짧은 여름 동안 생태계의 역사가 흐른다. 기나긴 겨우내 꽁꽁 얼었던 땅은 녹아서 습지로 변한다. 수많은 이끼들이 땅을 덮고 야생화도 피어난다. 이 짧은 틈에 꿀벌들이 열심히 꽃가루를 나른다. 얼음의 땅 그린란드에도 여름철엔 모기가 기승이라는 말을 들어보셨는지? 일억 년도 전부터 끈질기게 생존해온 생물답다.

인간은 적응의 생물이라 했던가. 오래전부터 척박한 툰드라 지대에서도 인간은 정착해왔다. 알래스카 북부, 캐나다, 그린란드에 사는 이누이트와 알래스카 서부, 극

동 러시아에 사는 유픽족, 스칸디나비아 북부 사프미 지역에 사는 사미족*이 그 주인공이다.

▲ 순록을 유목하는 이누이트

이 땅에서는 농사를 지을 수 없다. 이들은 대신 순록을 유목하며 키워왔다. 그리고 북극해에서 물고기를 잡거나, 육상 포유류나 바다생물을 사냥해왔다. 이렇게 잡은 음식의 대부분은 얼리거나 말려서 보관했다. 고기를 소금에 절여 연기에 익혀 말리는 훈제 방식 또한 오랫동안 저장이 가능해 선호되어 왔다.

이들의 얼음집 이글루가 참 유명하다. 어릴 적 학습서에 그려진 이글루를 보고 사람이 살 수 있는 곳인가, 딴에 진지하게 고민했던 기억이 난다. 결론부터 말하면 이글루는 임시 가옥이다. 이누이트는 겨울철 사냥을 위해 멀리 나서곤 했다. 이때 잠시 머물기 위해 짓는 임시 가옥이 이글루다. 그렇다고 버티는 용도에만 한한 집은 아니다. 이글루 안에서는 난방도 할 수 있고 조리도 할 수 있다. 바닥에는 모피나 가죽을 깔고 지냈다. 눈과 얼음 블록으로 만든 집은 굉장히 과학적이라 내부는 상당히 훈훈한 편이라고 한다.

오늘날 툰드라 지역 사람들은 어떤 집에서 살고 있을까? 이들의 삶은 대부분 서구화되었다. 주로 현대식으로 지은 평범한 가옥에서 산다. 하지만 아무 땅에서나 그대로 집을 지으면 집이 무너져 내릴 수도 있다. 여름이 되면 겨우내 얼어있던 지표면이

• 안데르센의 동화 〈눈의 여왕〉에서 주인공 게르다가 찾아 떠난 라플란드가 바로 사미족이 사는 사프미 지역이다. 사미족은 라프족이라고도 불린다.

갑자기 녹아버리기 때문이다. 겨울이라고 해도 안심할 수 없다. 난방열에 의해 표면이 녹아버릴 가능성은 언제든지 존재한다. 지구온난화로 땅이 언제 녹을지 모르는 불안함도 있으니, 이들은 아예 영구동토층까지 기둥을 박아 그 위에 집을 세운다.

▲ 툰드라 지대의 고상식 가옥

영구동토 永久凍土 란 말 그대로 오랫동안 얼어있는 땅을 의미한다. 여름이 되어도 녹지 않는 땅이다. 이곳까지 기둥을 박고 단단하게 고정한다면, 지표면이 녹아도 집이 무너질 걱정은 하지 않아도 된다. 집뿐만 아니라 송유관도 마찬가지로 지표면에서 떨어뜨려 높은 곳에 설치했다.

최근 북극해 연안 지역은 지구상에서 가장 급변하는 지역 중 하나다. 오랫동안 미개척지로 있었던 터라, 이제서 관심의 화두로 떠오르고 있는 것이다. 석탄과 석유, 철광석 등이 풍부하게 매장되어 있어 차세대 지하자원 개발지로 떠오르고 있다. 게다가 지구온난화로 인해 바닷길이 점점 열리고 있다. 북극해를 적극적으로 이용해 경제 발전을 도모하는 이들이 점점 늘어날 것이다.

군사적 요충지로도 주목받고 있다. 게다가 비행기를 타고 북반구 대륙과 대륙 사이를 이동할 때는 비행기가 북극항로로 다닐 가능성이 높다. 지구는 둥글기 때문에 북극권 통과야말로 최단 거리기 때문이다. 하지만 북극항로를 자주 이용하면 방사선 피폭 위험도가 높으니 조심해야 한다. 북극 상공에서는 지구를 보호하는 자기장이 제 역할을 하지 못해 방사능에 노출될 수밖에 없다. 가끔 비행기를 타는 손님이라면 몰라도, 승무원이라면 정기적인 점검과 주의가 필요하다.

여행자의 노트

스발바르 제도에 대해 들어본 적이 있으신가요? 북위 78°에 있는 노르웨이령 스발바르 제도는 세계 최북단 마을로도 알려져 있습니다. 저는 운이 좋게도 과학 유튜브 동영상을 제작하며 극지연구소의 지원을 받고 방문할 기회를 얻어 8월 초에 이곳을 방문했습니다. 다들 너무 춥지 않겠느냐며 걱정했지만 그렇게까지 춥지는 않았어요. 우리나라로 치면 가을 정도의 선선한 날씨였달까요. 하지만 구름이 끼고 바람이 불 땐 순식간에 추워지기도 하니 방한복과 내복을 챙겨 가시는 편이 좋답니다.

스발바르에서는 나무 하나 없는 광활한 벌판을 만날 수 있어요. 여름에는 알록달록한 이끼로 장식되어 있답니다. 맑은 공기를 마시니 숨통이 트이는 기분이었습니다. 스발바르 여행을 계획하고 있다면 되도록 여름에 방문하세요. 겨울은 추위도 추위지만 극야 현상 때문에 여행이 힘들어질 거예요. 이왕이면 백야 때 가는 게 낫잖아요? 여름이라 북극다운 분위기를 못 느낄까 걱정된다고요? 스발바르 땅의 약 60%가 연중 눈으로 덮여 있으니, 방수 신발을 챙겨 가면 여름에도 눈을 만끽할 수 있답니다.

아 참, 마을을 벗어날 땐 총을 소지해야 한답니다. 북극곰의 갑작스러운 공격에 대비하기 위해서예요! 완전 '북극 여행'답죠?

– 과학 유튜버, 공돌이 용달

빙설 기후(EF)

그린란드 내륙과 남극 대륙에서 만날 수 있는 기후로 1년 내내 월평균 기온이 영상으로 오르지 않는 곳이다. 얼음과 눈이 녹지 않아 오랫동안 쌓여있다. 강수량이 전 세계에서 가장 작은 지역인데 눈이 내리는 것처럼 보이는 이유는, 강한 바람으로 인해

▲ 눈과 얼음만이 존재하는 빙설 기후

오랜 기간 쌓여왔던 눈발이 흩날리는 것이다. 극소수의 동물과 이끼류만이 살 수 있고, 인류는 살 수 없는 비거주지역이다. 과학 연구기지만 있을 뿐이다. 과학기지에 근무하는 사람들은 상주인구가 아니기 때문에 인구로 집계되지 않는다.

여행자의 노트

남극을 다큐멘터리에서 보기만 하고, 실제로 갈 생각을 하는 사람들은 많지 않은 것 같아요. 저는 펭귄의 귀여움에 제대로 홀려 결국 남극까지 가버렸지만요.

펭귄을 만나는 여정은 쉽지만은 않았습니다. 일단 부에노스아이레스까지 간 뒤, 거기서 또 국내선을 타고 우수아이아로 갔어요. 여기서 또 크루즈를 타야만 했으니, 남극까지 가는 이 험난한 여정은 무려 4일이나 소요되었습니다. 금액도 약 1,500만 원 정도 들었으니 역시 쉬운 여정

은 아니었죠.

우선 킹조지섬에 도착한 뒤, 보트를 타고 남극 대륙으로 향했습니다! 그리고 러시아와 칠레의 남극 기지에 방문했어요. 그래도 여름이라는 1월에 방문했는데도 매서운 추위가 저를 기다리고 있더군요. 남극에서는 여행자도 꼭 남극조약을 지켜야만 해요. 남극 전용 신발로 갈아 신고, 옷은 진공세척을 해야 합니다. 펭귄 보호를 위해 펭귄의 길을 절대 막아서도 안 된답니다! 물론 펭귄은 제 길을 막을 수 있었지만요.

그렇게 힘들게 마주한 남극은 어땠냐고요? 멋진 설산과 귀여운 펭귄들이 뒤뚱뒤뚱 걸어가는 상상을 했습니다만, 마주한 현실은 지구온난화 때문에 녹아내린 눈과 배설물을 배에 묻히고 걸어 다니는 펭귄들이었습니다. 엉엉. 남극을 나올 땐 전용기를 타고 칠레로 들어가는 신기한 경험도 했어요. 모두 좋은 경험이긴 했지만, 여정이 너무 힘들어서 두 번은 못 갈 것 같아요.

- 온 세상을 누비는 여행자, 김소리

끝나지 않는 봄,
고산 기후

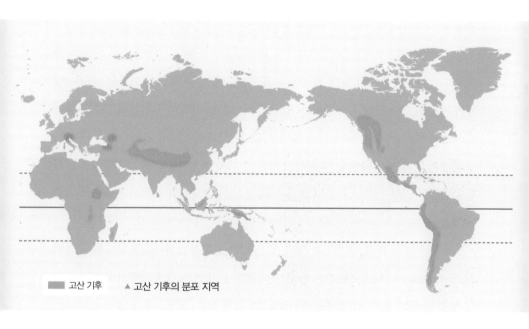

고산 기후(H)

기온을 결정하는 두 가지 결정적인 요인을 기억한다면, 고산 기후의 등장이 의외

는 아닐 테다. 지금까지는 위도를 중심으로 기후를 구분했는데 위도로는 설명이 되

▲ 해발고도 3,830m로 세계에서 가장
높은 곳에 있는 수도, 볼리비아 라파스의 전경

▲ 에콰도르의 수도 키토. 적도에 있지만
일 년 내내 봄과 같은 날씨를 만날 수 있다.

지 않는 예외가 있다. 바로 고도가 높은 지역, 즉 고산 지역이다.

고산 기후는 말 그대로 높은 산지에서 볼 수 있는 기후다. 당연히 같은 위도의 평지보다는 기온이 현저히 낮다. 쾨펜이 처음 기후를 구분할 때 고산 기후를 따로 구별해 두지는 않았다고 한다. 일반적인 고산 기후의 경우 냉대 기후나 한대 기후의 영역에 포함할 수 있기 때문이다. 예를 들어 히말라야산맥의 설경을 생각하면 누구나 한대 기후의 영역에 이 지역을 넣고 싶지 않을까. 하지만 훗날 미국의 지리학자 트레와다Trewartha는 고산 기후를 따로 구별해 두었다. 고산 기후만의 특징이 있다고 생각했기 때문이다.

고산 기후는 온대 고산 기후와 열대 고산 기후로 분류할 수 있다. 알프스, 히말라야, 로키산맥과 티베트고원 같은 온대 고산 기후는 냉대와 한대 기후의 특징으로 어느 정도 설명을 할 수 있다. 우리가 이야기할 것은 열대 고산 기후다. 중남미의 안데스산맥과 멕시코고원, 아프리카의 아비시니아고원* 등이 이에 속하는데, 확연히 다른 특징을 가지고 있다.

* 아프리카 동부에 있는 고원으로 에티오피아 면적의 대부분을 차지한다. 거대한 골짜기를 만들어낸 동아프리카 지구대도 볼 수 있는 곳이다. 가장 높은 곳은 4,550m이며, 대부분의 도시는 해발고도 2,000~2,500m에 존재한다. 수도 아디스아바바도 2,355m의 고원에 자리 잡았다. 고지대 고원에서는 눈이 내리기도 한다.

열대 고산 기후는 세계에서 인간이 가장 살기 좋은 기후로 꼽힌다. 예로부터 잉카나 마야문명 같은 고대 문명의 배경도 바로 이곳이었다. 열대 기후대의 높은 산지로 올라가면 어떤 일이 벌어질까. 열대 고산 기후는 다른 말로 상춘기후常春氣候라고도 불린다. 항상 봄과 같은 기후라는 뜻이다. 일 년 내내 봄 날씨라니, 매우 아름답게 들리지 않는가. 모든 인류가 가장 선호하는 날씨일 테다. 열대 고산지역은 대체로 서늘하고 연교차가 작은 것이 특징이다.

키토의 기후													
℃ ＼ 월	1	2	3	4	5	6	7	8	9	10	11	12	년
최고기온기록	33.0	28.6	32.0	25.6	30.4	29.0	31.0	27.0	29.0	27.0	29.3	29.0	33.0
평균최고기온	21.2	21.0	20.8	20.9	21.0	21.1	21.5	22.2	22.3	21.8	21.3	21.3	21.4
일평균기온	15.5	15.6	15.5	15.6	15.6	15.5	15.5	15.9	15.9	15.7	15.5	15.5	15.6
평균최저기온	9.8	10.1	10.1	10.2	10.1	9.8	9.4	9.6	9.4	9.5	9.6	9.7	9.8
최저기온기록	3.0	4.7	5.1	5.3	2.5	3.0	3.0	2.2	3.4	4.2	2.5	2.5	2.2

출처: 위키백과, World Meteorological Organization(2016)

안데스산맥에서는 예로부터 고산도시가 발달했다[**]. 에콰도르의 수도 키토는 열대 고산 기후의 특징을 보여주는 아주 좋은 예시다. 키토는 남위 00°15′에 있어 거의 완전히 적도에 있다고 봐도 무방하다. 하지만 키토의 해발고도는 2,850m. 안데스 산지 중턱에 있다. 키토의 기후 그래프는 정말 놀랄만한 수치를 보여준다. 일 년 내내 월평균 기온이 15℃로 '상춘기후'라는 별명이 이렇게까지 어울릴 수 있다니 놀라울

[**] 고산도시를 수도로 삼은 나라들을 소개한다. 볼리비아의 수도 라파스는 해발고도 3,830m로 세계에서 가장 높은 곳에 있는 수도. 참고로 많은 이들이 남미 여행 필수 코스로 들리는 마추픽추는 해발고도 2,057m다. 콜롬비아의 수도 보고타는 해발고도 2,630m. 에콰도르의 수도 키토는 해발고도 2,850m에 있다. 멕시코의 수도 멕시코시티도 2,306m로 멕시코 중앙고원에 위치해 고산 기후를 보인다. 참고로 페루의 수도 리마는 해안가에 위치한 사막 도시이며, 칠레의 수도 산티아고는 지중해성 기후를 띠고 있다.

▲ 페루의 전통 의상

따름이다.

일 년 내내 봄 날씨면 사계절 옷을 마련하지 않아도 되어 너무 편할 것 같지만, 열대 고산 기후는 일교차가 크다는 치명적인 단점이 있다. 운이 안 좋으면 하루에 사계절을 다 경험할 수도 있다. 일교차만 높으면 다행이지만, 일사량도 높고 자외선도 높다. 그러므로 이 지역을 여행할 때는 선크림과 모자, 선글라스가 필수품에 가깝다. 안데스 지역 사람들이 전통적으로 챙이 넓은 모자를 써온 이유가 바로 여기에 있었다.

하지만 고산지역 여행자들에게 가장 큰 역경은 무엇보다 고산증과의 싸움이다. 저지대에서부터 고지대로 천천히 올라가지 않고 갑자기 해발 3,000m 이상의 고지대에 도착한다면, 높은 확률로 고산증에 시달리게 된다. 고지대에서는 산소가 부족하기 때문에 두통과 구토, 호흡곤란, 소화불량 증상이 나타난다. 개인차가 있으며 체력과는 별개의 문제다. 이런 여행자들을 위해 고산 여행지의 많은 숙박업소에서는 산소 호흡기를 비치하고 있다. 일시적으로 증상을 완화할 순 있지만 해결되지 않는다면 하산만이 답이다. 저지대로 내려오면 언제 그랬냐는 듯 대부분의 증상이 싹 사라진다.

여행자의 노트

남미만 다섯 번 다녀왔습니다. 누군가는 제게 '왜 남미만 가냐'고 하지만, 저는 이곳의 사람과 자연에 홀딱 반했거든요. 남미 사람들은 대부분 오픈마인드예요. 처음 보는 사람과도 밝게 인사하고 흔쾌히 이야기를 나누고 집에 초대해주기도 하죠. 그리고 대자연은 또 얼마나 대단하게요. 이 감동은 말로 표현이 안 될 정도예요. 남미는 상대적으로 치안이 불안하고 언어의 불편함도 있다지만 항상 그 이상의 감동을 안겨줍니다.

고산지대를 여행할 때는 일교차가 커 옷차림에 항상 주의해야 합니다. 저는 매번 사계절 옷을 다 챙겨갑니다. 우유니 마을에선 한낮에 너무 더워 반팔과 반바지를 입고 돌아다니기도 했는데, 새벽에는 기모 레깅스까지 동원해 있는 옷을 다 껴입어도 추위가 가시지 않는 거예요. 별사진도 찍다 말고 차 안에 들어가 담요 속에서 벌벌 떨었던 기억이 있어요. 고산증도 조심해야 한답니다. 저는 안데스 산지를 달리는 장거리 버스 안에서 고산증 증세가 오는 바람에 정말 고생했답니다. 머리도 아프고 배도 아프고 힘도 없었어요.

그럼에도 고산 도시의 말간 하늘과 옹기종기 집들이 모여 반짝이는 황금빛 야경을 볼 때마다 이곳에 다시 오길 잘했다는 생각이 들어요. 제 '원픽'은 페루 쿠스코인데 여행자의 개미지옥 같은 곳이에요. 벌써 네 번이나 갔다니까요.

- 남미 여행 중독자, 김영규

4
모험가를 위한
세계지도 탐험

세계지도를 가장 흥미롭게 공부하는 방법은 기네스북 기록을
뒤적거리는 것이다. 자극적이기 때문일까, 심심풀이로 뒤적이며
호기심을 해결하다 보면 어느새 세계지도가 머릿속에 그려진다.
기초 상식을 쌓는 데도 도움이 되고, 알아두면 어디서 아는 척하
기도 좋다.

지금부터는 세계지도로 놀아볼 시간이다. 부디 흥미롭게 세계를
탐험할 수 있기를. 산을 넘고 강을 건너며 지구의 경이로움을 느
껴보고, 인류가 만든 문화적 다양성에도 공감할 수 있길 바란다.

두 발로 디더보는
세계의 산과 땅

세계에서 가장 높은 산

'세계에서 가장 높은 산' 하면 '에베레스트산'이라는 답이 공식처럼 튀어나온다. 초등학생에게 물어도 곧장 튀어나올 것이다. 에베레스트산의 높이는 8,848m. 숫자도 외우기 쉽게 생겨 한 번 외워두면 언젠가는 유식하게 보이고 싶을 때 쓰인다.

아주 먼 옛날 1억 8,000만 년 전, 인도아시아판과 유라시아판이 충돌하며 그 충격으로 높이 솟아오른 게 바로 히말라야산맥이다. 세계 최고봉인 에베레스트를 비롯해 K2라 불리는 고드윈오스턴8,611m, 칸첸중가8,586m 등 8,000m급의 거봉들이 14개나 있다. 여기서 더 소름 끼치는 사실은 두 대륙판의 충돌이 어찌나 거대한지 아직까지도 위력을 발휘하고 있다는 점이다. 그래서 히말라야산맥은 매해 수 센티미터씩 상승 중이다. 여기서 의문이 든다. 1950년대부터 에베레스트는 8,848m라고 불려왔었는데, 같은 논리라면 그사이에 에베레스트의 키가 커도 한참은 더 컸을 것 아닌가. 그래서 찾아봤다. 에베레스트산의 최신 키를.

현재 가장 공신력 있는 에베레스트의 높이는 미국 지리학협회에서 발표한 8,850m다. 에베레스트의 키가 훌쩍 2m나 커버린 이유 중 하나는 히말라야산맥이 매년 높아지고 있기 때문이기도 하지만, GPS 기술의 발달도 하나의 이유라고 한다. 하지만 이조차 2008년에 측정된 기록이라 어디까지 신빙성 있는 기록인지 모르겠다.

이상하게도 에베레스트의 높이는 관측 팀마다 측정 결과가 조금씩 다르단다. 게다가 계절에 따라 측정 결과가 달라지기도 한다. 일단 에베레스트 정상에는 얼음과 눈이 덮여 있는데, 눈이 얼마나 녹았느냐에 따라 산의 높이가 달라진다. 게다가 애당초 얼음층을 빼고 바위의 최고점만 측정해야 한다는 말도 있으니, 에베레스트의 높이 측정 방법에 대한 이론조차 완벽하게 정립되어 있지 않은 모양이다.

하다못해 사실은 K2가 에베레스트보다 높다는 소문까지 있다. 미국의 인공위성이 K2의 높이를 측정했는데, 8,886m라는 결과가 나왔다나 어쨌다나. 어쨌거나 '세계에서 가장 높은 산'에 관해 아직까지 가장 공신력 있는 기록은 에베레스트산의 8,850m다. 누군가 '8848'이라는 옛날 기록을 외친다면 2m 더 컸다고 더 자신 있게 알려주자.

이왕 공신력에 대한 이야기가 나온 김에 조금 더 혼란스러운 이야기를 꺼내도 될까? 현재 산의 높이는 해발고도 기준으로 측정하고 있다. 쉽게 말하면 해수면을 0m로 설정하고, 가장 해수면으로부터 높이 솟은 산이 해발고도 1등이 되는 것이다. 하지만 만약 측정 기준이 다르다면 에베레스트는 세계의 산 1위 자리를 내놓아야 한다. 해수면 기준이 아닌 해저 바닥부터의 높이를 잰다면, 하와이의 마우나케아산이 명예의 1위 자리를 가져가게 된다. 무려 그 높이가 10,203m라고 한다. 하지만 해수면 위로 올라와 있는 마우나케아의 높이는 고작 4,205m뿐이기 때문에 해발고도에는 에베레스트에 한참 못 미친다.

또 다른 측정 방법도 있다. 지구 중심에서 가장 멀리 떨어져 있는 산을 찾는 방식이다. 이는 지구가 완벽한 구형이 아니기 때문에 가능한데, 이와 같은 측정방식으로는 에콰도르에 있는 안데스산맥의 침보라소산6,268m 이 1등이다.

TIP 　세계 각지의 최고봉 *

· 아프리카 최고봉 : 킬리만자로 5,895m　　· 유럽 최고봉 : 몽블랑 4,808m

· 북아메리카 최고봉 : 데날리 6,194m　　· 남아메리카 최고봉 : 아콩카과 6,960m

· 오세아니아 최고봉 : 푼착자야 4,884m **　· 남극 최고봉 : 빈슨메시프 4,892m

세계에서 가장 높은 활화산

주인공은 칠레와 아르헨티나의 국경에 있는 오호스델살라도Ojos del Salado 산이다. 안데스산맥에 있으며 6,891m의 높이를 자랑한다. 같은 산맥에 뿌리를 둔 남미 최고봉

아콩카과산6,960m 에 이어 남미에서 두 번째 높은 산이기도 하다.

6,800m급의 활화산이라니 이름만 들어도 무시무시해 보이지만 그렇게까지 겁먹을 필요는 없다. 1993년의 작은 화산재 분출을 제외하고는

· 비교를 위해 우리에게 익숙한 백두산, 한라산, 지리산의 높이는 다음과 같다. 백두산(한반도 최고봉) 2,750m, 한라산(남한 최고봉) 1,950m, 지리산(남한의 육지 최고봉) 1,915m.

·· 대륙만 포함하면 코지어스코가 2,228m로 가장 높다.

거의 휴화산과 다름없는 수준이기 때문이다.

　마지막 정상 부분은 밧줄에 의지해 올라야 하지만, 나머지는 걸어서 평이하게 올라
갈 수 있는 수준이다. 완만해서 자동차를 타고 산에 오를 수도 있단다. 실제로 자동차
를 타고 올라간 세계 최고 해발고도 기록6,688m 을 가지고 있다. 세계 최고의 산을 찍
는 것 치곤 너무 쉬운 것 같다고? 물론, 고산병은 별개의 문제라는 걸 기억해 두자.

세계에서 가장 높은 고원

　힌트는 '세계의 지붕'이라고 불리는 곳이다. 티베트고원? 땡! 티베트고원의 어머니
격인 고원이 하나 더 있다. 파미르고원이다. 타지키스탄, 키르기스스탄, 아프가니스
탄, 파키스탄, 중국에 걸쳐 있다. 이곳은 평균 해발고도가 6,100m 이상인데, 과연 세
계의 지붕이라는 별명이 잘 어울리는 곳이다. 파미르고원을 중심으로 세계에서 내로
라하는 산맥들이 모여 있다. 북동쪽엔 톈산산맥, 남동쪽엔 쿤룬산맥과 카라코람산맥,
남서쪽엔 힌두쿠시산맥이 있다. 참고로 카라코람과 힌두쿠시산맥은 히말라야산맥의
일부다. 듣기만 해도 거대한 산봉우리 사이에 끼인 느낌이다. 파미르고원에서 가장
높은 산은 이스모일소모니산7,495m 이라고 한다.

파미르고원에는 길고 추운 겨울과 짧은 여름만이 존재한다. 중위도지만 높은 고도로 인해 툰드라 기후에 해당하여 식생이 제대로 살아 갈 수 없다. 춥기도 추울뿐더러, 연 강수량도 고작 130mm에 불과하다. 하지만 산꼭대기는 항상 눈에 덮여있고, 빙하도 많아 물을 구하기가 몹시 어렵지만은 않아 보인다. 이곳 사람들은 보통 양을 키우며 살아간다. 파미르고원의 중심이 되는 나라, 타지키스탄은 국토의 90% 이상이 험한 산지다. 지도를 보면 그럴 수밖에 없겠다는 생각이 든다. 타지키스탄 국민의 대다수는 골짜기를 찾아 그곳에 마을을 만들어 살고 있다.

세계에서 가장 긴 산맥

안데스산맥은 세계에서 가장 긴 산맥이다. 길이는 약 7,000km로, 무려 남아메리카 대륙의 끝과 끝을 잇고 있다. 베네수엘라, 콜롬비아, 에콰도르, 페루, 볼리비아, 아르헨티나, 칠레 7개국이 안데스산맥을 낀 나라들이다. 남미에는 나라가 고작 12개뿐인데, 그중 7개국이나 안데스를 품고 사는 것이다. 안데스는 무작정 길기만 한 게 아니라 굉장히 왕성한 활동을 펼치고 있는 산맥이다. 약 1억 3,500만 살로 산맥치고는 어린 편이기 때문이다. 그 말은 즉, 지진과 화산활동이 활발한 지역이라는 뜻이다.

높이도 어찌나 높은지 평균 해발고도가 무려 4,000m다. 가장 높은 아콩카과산의 높이는 6,960m인데, 히말라야산맥 부근을 제외하면 세계에서 가장 높은 산이다. 안데스 산지의 고원에는 예로부터 구석구석 도시가 발달했다. 고대 문명부터 현대의 대도시까지 안데스는 인류의 역사 그 자체기도 하다.

세계에서 가장 큰 바위

얼핏 보면 광활한 사막 속
에서 고고한 자태를 뽐고 있
는 산처럼 보인다. 하지만 이
것은 산이라기보다는 커다란
바위다. 세계에서 가장 큰 단
일 암석, 호주의 울루루Uluru
가 그 주인공이다.

호주 지도에서 대충 한가운데를 찍어보면 대략 그즈음에 울루루가 있다. '세계의
배꼽'이라는 별명이 붙은 이유도 이에 있을 테다. 호주 내륙은 황량한 건조지대라 인
구밀도가 현저히 낮다. 아무리 달려도 똑같은 풍경만이 펼쳐진다. 자동차가 고장 나
거나 사람이 다치는 등 예상 못 한 변수가 일어나면, 도움을 요청할 차량을 발견할
때까지 몇 날 며칠을 기다려야 할 수도 있다. 하지만 호주 사막의 신비로움을 경험하
기 위해 흔쾌히 이러한 위험을 감수하는 로드 여행자들도 있다.

아웃백*에서 여행자들의 발길을 붙잡는 장소 1위라면 단연코 울루루다. 348m의
높이와 9.4km의 둘레를 자랑하는 이 거대한 바윗덩이는 50억 년 전 바다에서 모래
가 퇴적되어 만들어진 사암이다. 에어즈 록Ayers Rock 이라는 이름으로도 널리 알려졌
지만, 원주민들의 단어인 울루루로 다시 쓰이는 추세다.

• 호주 내륙에 넓게 펼쳐진 건조 지역들을 아웃백(Outback)이라고 부른다. 사람이 얼마나 적냐 하면 인구밀도가 1km²
에 1명꼴이라고 한다. 스테이크 레스토랑 아웃백의 이름 또한 이곳에서 따왔다. 한때 호주 택시를 타고 '아웃백으로
가주세요' 하면 황량한 사막에 데려다준다는 우스갯소리도 있었다.

울루루는 예로부터 원주민들이 매우 신성시하던 장소로 과거에는 오직 주술사만 올라갈 수 있는 곳이었단다. 울루루는 '그늘이 지는 장소'라는 뜻을 가지고 있다는데, 시간대와 하늘에 따라 색깔이 달라지는 것으로 유명하다. 많은 사람이 환호하는 시간대는 일출과 일몰 시간대다. 이 시간에는 바위에 햇빛이 쏟아지며 아름답게 불타오르는 것처럼 보인다.

영화 〈세상의 중심에서 사랑을 외치다〉를 통해 더욱 인기를 얻기도 했다. 하지만 보기와는 달리 그렇게 로맨틱한 장소는 아니다. 애당초 바위산이기 때문에 기온이 치솟는 날에는 바닥이 불타오를 정도로 뜨거워진다. 게다가 발을 헛디디면 다치기도 십상, 지금껏 울루루에서 죽은 관광객만 35명이다. 이러저러한 이유로, 국립공원 이사회 측은 2019년 10월 26일부터 울루루 등반을 금지하기로 결정했다.

앞으로 등반은 할 수 없어 아쉽지만, 울루루의 아름다운 자태를 보는 것은 여전히 많은 이들의 버킷리스트로 남을 것이다. 여행 팁을 하나 더 첨가하자면, 울루루에는 뜨겁고 건조한 햇빛 외에도 유의해야 할 것이 하나 있다. 바로 파리다. 파리가 지나치게 많아 파리 망을 두르고 여행해야 할 정도다. 파리가 찍히지 않은 예쁜 울루루 사진을 건지기 힘들 정도라 하니 각오하고 떠나자.

세계에서 가장 큰 동굴

베트남 꽝빈의 퐁냐께방 국립공원은 지질학적 가치가 매우 뛰어난 곳으로, 300여 개의 크고 작은 동굴이 있는 곳이다. 그중 하나인 산동동굴Hang Son Doong이 처음 발견된 것은 고작 1990년이다. 2009년에 동굴전문가들은 조사에 착수했고, 2010년에 산동동굴이 세계에서 가장 큰 동굴이라고 발표했다. 9km의 길이, 200m의 높이, 150m의 너비로 총 부피가 3,850만㎥로 추정된다. 이는 올림픽 수영장 만 오천 개에 물을 가득 채운 것과 맞먹는 부피라고 한다.

산동동굴은 마치 영화 〈아바타〉의 신비로운 숲속에 온 듯한 절경을 가지고 있으며, 그곳에서 강과 산, 정글 등을 만날 수 있을 만큼 새로운 생태계가 펼쳐져 있는 것으로 알려져 있다.

산동동굴은 아직까지 일반인이 혼자서 들어갈 수 없는 지역이다. 하지만 여행이 전혀 불가능한 것은 아닌데, 전문가들과 함께 여행사를 통해 출발할 수 있다. 하지만 이 비용이 만만찮은데 무려 3,000달러에 이른다. 한화로 약 360만 원 가까이 달하는 가격이다. 이 투어는 4박 5일간 동굴 내에서 캠핑하는 여행인데, 한 번 출발할 때 단 열 명의 손님만을 받는다. 두 명의 동굴 전문가, 세 명의 현지 가이드, 두 명의 요리사, 두 명의 공원 관리자, 스무 명의 포터와 함께 여행한다니 불편해도 엄청난 호화 여행인 셈이다.

세계에서 가장 긴 동굴

세계에서 가장 큰 동굴이 산동동굴이었다면, 세계에서 가장 긴 동굴은 미국 동부에 있는 매머드동굴Mammoth Cave이다. 매머드동굴이 얼마나 긴가 하니, 무려 길이가 643km 이상으로 추정된단다. 부산에서 신의주까지의 거리가 680km이니, 이 동굴의 길이는 상상의 영역으로 남겨두는 편이 나을지도 모르겠다.

1941년 켄터키주에서는 매머드동굴이 있는 주요 지역을 매머드 케이브 국립공원으로 만들었고, 이 국립공원은 1981년에 유네스코 세계자연유산에 등재되었다. 국립공원 안에는 그린강과 놀린강이 유유자적 흐르고 있다. 관광객들은 매머드동굴 투어와 물놀이, 캠핑, 하이킹 등을 체험할 수 있다.

매머드동굴은 약 3억 년 전에 만들어진 동굴로 지하 60m부터 지하 120m 깊이에 분포되어 있다. 빼어난 종유석과 석순을 만날 수 있는 것은 물론, 높이 59m의 돔 모양의 천장으로 이루어진 매머드 돔, 소름 끼칠 만큼 거대하고 깊은 구멍을 만날 수 있는 보텀리스 피트 등의 특이한 동굴 구조를 만날 수 있다. 동굴의 최대너비는 150m고 최대높이는 80m며, 거대하면서도 미로 같은 동굴로 유명하다.

세계에서 가장 큰 사막

세계지도에서 엄청난 존재감을 차지하는 세계에서 가장 넓은 사막. 북아프리카에 있는 사하라사막은 총면적이 무려 940만km²에 달하는데, 빠른 사막화 현상으로 인해 매해 2만여km²만큼 넓어지고 있단다. 세계에서 네 번째로 큰 나라 중국의 면적이 960만km²라는 것을 생각해보면, 사하라사막의 면적이 얼마나 소름 끼치는지 알 수 있다. 세계에서 가장 작은 대륙 오세아니아보다도 훨씬 넓고, 두 번째로 작은 유럽 대륙 크기와 비슷한 수준이다. 물론 러시아 쪽 영토를 포함했을 때의 이야기니, 유럽에서 러시아 지역을 빼면 사하라의 압승이다.

TIP   사하라사막 다시 보기

'사하라'라는 이름은 아랍어로 '사막'을 의미한다. 그렇기 때문에 '사하라사막'을 풀이하면 '사막사막'이 되니 '역전앞' 같은 이름일지도 모르겠다. 사하라는 무려 250만 년 전에 생겨났다. 거의 공식처럼 여겨지는 편견 중 하나가 '사하라는 모래사막'이라는 얘기다. 당연히 아니다. 사하라의 단 20%만 모래사막이며, 아무리 사하라라도 나머지는 암석사막으로 이루어져 있다.

아프리카 대륙은 광활한 사하라의 존재 덕에, 사하라 지역과 사하라 이남의 문화가 완전히 다르다. 사하라 지대는 아랍 국가이며 이슬람을 믿는 데다가 백인이 거주한다. 하지만 사하라 이남은 흑인이 거주하며 주로 토착 종교와 가톨릭을 믿는다. 아프리카의 다양한 문화를 '아프리카'라는 단어 하나로 퉁 치는 것은 매우 나쁜 편견이다. 서남아시아와 동북아시아가 매우 다른 것처럼, 북아프리카와 중남부 아프리카는 외양도 문화도 매우 다르다.

세계에서 가장 큰 반도

반도半島 peninsula 는 한 면은 육지에, 나머지 세 면은 바다로 둘러싸인 곳을 뜻한다. 쉽게 말해 대륙에서 바다 쪽으로 툭 튀어나온 부분을 말하는데, 한반도를 생각하면 공부할 것도 없는 개념이다.

세계에서 가장 큰 반도는 서남아시아에 있는 아라비아반도다. 면적은 약 320만km²로, 한반도의 14.5배다. 1만 년 전에는 푸른 땅이었다고 하나 지금의 아라비아반도는 대부분이 사막 기후대로 매우 건조한 지역이다. 사람이 살기

엔 척박하지만, 이슬람의 발상지로 이슬람문화가 발달했다. 최근에는 석유가 발견되면서 부유해진 국가들도 많다.

아라비아반도의 80%는 사우디아라비아의 영토다. 그래서 '아라비아반도 = 사우디아라비아'처럼 느껴지기도 하지만, 남부에는 예멘과 오만이, 페르시아만*을 접한 동부에는 쿠웨이트, 카타르, 아랍에미리트가 자리하고 있다. 반도에 붙은 나라는 아니지만, 바레인이라는 작은 섬나라도 존재한다.

• 페르시아만은 아라비아반도와 이란 사이의 바다. 동해와 일본해 분쟁처럼 이름 분쟁이 있는 곳이기도 하다. 아라비아반도에 위치한 국가들은 이 바다를 페르시아만이 아닌 '아라비아만'으로 부르고 있다. 페르시아는 이란의 과거 이름이기 때문이다. 하지만 국제적으로는 페르시아만이라는 이름으로 통용되고 있다.

다채로운 풍경을 만드는
강과 호수

세계에서 가장 긴 강

6,650km 길이의 나일강이 세계에서 가장 긴 강으로 알려져 있다. 6,825km라는 말도 있고, 6,695km라는 말도 있고, 6,690km라는 말도 있다. 산과 마찬가지로 강의 길이를 재는 방식 또한 정확하게 정해진 바가 없단다. 어떻게 측정하느냐, 언제 측정하느냐, 누가 측정하느냐에 따라 상당히 달라진다는 뜻이다. 보편적으로는 강 상류의 지류 중에서 가장 긴 것으로 측정한다는데, 어디서부터 강의 본류로 칠 것인가에 대한 논란 자체가 종식되어 있지 않은 듯하다.

내셔널 지오그래픽과 브라질의 통계에 의하면 아마존강이 나일강보다 더 길다는 의견도 있다. 아마존강의 하류는 상당히 복잡한 형태인데, 어떠한 지류를 선택하느냐에 따라 측정 길이가 달라진단다. 하지만 일단 지금까지는 나일강이 세계에서 가장 긴 강으로 인정받고 있다. 여담이지만, 40여 년 전만 해도 미국의 미시시피강이 세계에서 가장 긴 강으로 알려져 있었다. 옛날에는 개발도상국에 있는 강들을 제대로 측정할만한 여건이 되지 않았기 때문이다. 지금의 미시시피는 나일강, 아마존강, 양쯔강에 이어 세계 4위까지 떨어졌다.

TIP 나일강의 과거와 현재

나일강은 아프리카 북동부에 있는 강으로 남쪽에서 북쪽으로 흐른다. 얼핏 보면 저게 무슨 말이냐 싶겠지만, 고도가 높은 곳에서 고도가 낮은 곳으로 흘러갈 뿐이다. 지도를 얼렁뚱땅 보다간 강이 밑에서 위로 흐르느냐는 엉뚱한 소리를 하게 될 수도 있다. 실제로 고대 이집트 사람들은 강이 남쪽에서 북쪽으로 흐르는 것이 당연한 줄 알았다고 한다.

나일강은 빅토리아호에서 시작하는 백나일강과 아비시니아고원에서 시작하는 청나일강이 만나 지중해로 흘러 들어간다. 이집트와 수단을 비롯해 총 9개국에서 나일강을 만날 수 있다. 그중에서 가장 유명한 곳은 당연히 '나일강의 축복'이라고 불렸던 이집트다.

이집트는 국토의 95%가 사막지대로 연 강수량이 불과 100mm에 불과한 곳이다. 이런 곳에서 나일강이 흘러들어와 농경지가 개발되고 문명이 발달할 수 있었다. 지금도 이집트 인구의 95%가 나일강 유역과 삼각지 부근에 살고 있다고 한다.

나일강은 7월부터 10월까지 범람을 하는 것으로 유명하다. 어릴 때는 범람이 뭐가 좋다는 건지 이해하지 못 했다. 하지만 이 범람 덕에 주변 농경지에 천연비료가 쌓였다고 한다. 게다가 불어난 물을 주변 농경지로까지 끌어들여 풍요롭게 농사를 지을 수 있는 땅이

완성되었다. 범람 덕에 농사짓기 좋은 땅이 된 것이다.

이집트는 나일강을 더욱 잘 이용하기 위해 1903년에 아스완 댐을, 1970년에는 아스완 하이댐을 만들었다. 물을 관리하기엔 더욱더 수월해졌지만, 아이러니하게도 강의 흐름이 더뎌지며 천연비료 공급이 멈췄단다. 게다가 강에 염분이 쌓이고 있다는 소식도 있다. 염분 자체가 고여 있는 데다, 삼각주 부근 또한 수위가 낮아져서 바닷물이 역류해서 들어온단다. 인간이 자연을 통제한다는 것이 얼마나 어려운 일인지 보여주는 사례다.

TIP　　세계에서 긴 강 TOP 10

① 나일강 6,650km　　② 아마존강 6,400km　　③ 양쯔강 6,300km

④ 미시시피강 6,275km　　⑤ 예니세이강 5,539km　　⑥ 황허강* 5,464km

⑦ 오비강 5,410km　　⑧ 라플라타강 4,880km　　⑨ 콩고강 4,700km

⑩ 아무르강 4,417km

세계에서 가장 큰 강

　세계에서 가장 유역면적이 넓은 강은 아마존강이다. 길이는 약 6,400km로 나일강의 기록에는 약간 못 미친다. 하지만 세계에서 가장 웅장한 강이 아마존강이라는 사실에는 그 누구도 이견이 없을 것

• 일반적으로 '황허강' 또는 '황하'라고 한다. 황하는 이미 황허(黃河)를 한국식 한자로 읽었기 때문에 '河(강 하)' 뒤에 '강'이라는 말을 다시 붙이지 않는 편이다.

이다. 아마존강의 장엄함을 표현할 수식어는 수도 없이 많다. 전 세계 담수의 20%를 공급하는 강인 데다, 유량이 무려 나일강, 양쯔강, 미시시피강을 합친 것보다 한참 많단다. 유속도 어찌나 빠른지 아마존강에서 1초에 훅 흘려보내는 물을 나일강에서 흘려보내려면 56초나 걸린다고 한다.

아마존강은 콜롬비아와 페루에 있는 안데스 고원에서 발원해 대서양으로 빠져나간다. 아마존강은 상류 하류 할 것 없이 지류가 굉장히 복잡한 것으로 유명하다. 강의 폭은 압도적으로 넓다. 폭이 가장 넓은 지점은 건기에는 11km 정도지만, 우기에는 무려 40km까지도 커진다. 특히 아마존 하구는 엄청나게 커서 전체 폭이 325km 이상 되는 것으로 알려져 있는데, 이 거리는 서울에서 대구까지 가는 거리와 비슷하다. 이쯤 되면 강이라기보다는 바다로 느껴질 것이다. 실제로 바닷물이 수십 킬로미터나 역류하여 드나들기도 하는데, 바다와 강의 경계가 거의 희미해진 곳으로 볼 수 있다.

TIP   모두의 과제 아마존

적도에 위치해 거대 열대우림을 만든 아마존은 '지구의 허파'라는 별명을 가지고 있다. 안타깝게도 아마존 일대는 빠른 속도로 파괴되고 있다. 브라질 정부의 경제개발 계획에 따라 벌목 등 자연훼손이 심각하기 때문이다. 게다가 주민들의 이동식 화전 농업도 밀림의 훼손에 일조하고 있다. 아마존의 훼손은 곧 지구의 훼손과 직결되기 때문에 남 일이 아니다. 하지만 브라질만 붙잡고 이기적인 행위라 비난하기 전에 한 번 더 고민해보아야 한다. 현실적인 가난과 맞부딪힌 입장에서는 당장의 발전이 중요하기 때문이다. 그러니 전 세계가 힘을 합쳐 아마존을 보호해야 하며 조금 어렵더라도 함께 잘 사는 방법을 고안해야 할 때다.

카스피해의 면적이 37.1만 km²로 세계에서 가장 큰 호수다. 한반도 면적이 22만 km²이니 한반도보다 훨씬 크며, 총면적이 37.8만km²인 일본과 맞먹는 수준이다. 엄청나게 크다는 것은 알겠다. 그런데 왜 카스피'호'가 아닌 카스피'해'란 말인가.

아주 먼 옛날에 카스피해가 바다였던 시절이 있었단다. 하지만 대륙의 이동 끝에 카스피해는 대륙 안에 갇힌 호수가 되었다. 본디 바다였던 시절이 있었기 때문에 카스피해는 바다의 성질을 띠고 있다. 카스피해는 소금기가 많은 염호다. 그렇다고 단순히 담수호가 아니라는 이유로 바다라는 이름을 붙인 것은 아니다. 모든 염호가 바다 취급을 받는 것은 아니니까.

카스피해를 바다로 분류한다면 세계에서 가장 큰 호수는 미국과 캐나다 국경에 있는 미시간-휴런호이다. 오대호 중 하나로 널리 알려진 곳이다. 미시간호와 휴런호를 왜 하나의 호수라 보는가 하니, 지도를 확대해보면 알 수 있었다. 별개의 호수처럼 보이는 이 호수가 실은 이어져 있는 것이다. 미시간-휴런호의 면적은 약 11.8km²다. 만약 이 둘을 별개의 호수라고 본다면 같은 오대호 중 하나인 슈피리어호가 가장 큰 호수가 된다.

TIP　　　호수인가 바다인가

카스피해에는 총 5개의 나라가 경제적, 군사적 문제로 얽혀있다. 러시아, 아제르바이잔, 이란, 투르크메니스탄, 카자흐스탄 이렇게 5개국이다.

만약 카스피해가 호수라면 다섯 개의 나라가 모두 공동으로 호수를 관리하게 된다. 즉 자원도 함께 관리해야 한다는 말이다. 하지만 카스피해가 바다라면 영해와 배타적 경제수역이 적용되어 각 나라가 자신의 권리를 주장할 수 있게 된다. 카스피해가 호수라고 주장한 국가들은 러시아와 이란이다. 러시아와 이란에 할당될 앞바다에는 자원이 거의 매장되어 있지 않기 때문이다. 반면 자원이 풍부하게 매장되어 있는 나머지 세 나라는 당연히 각자의 자원을 점유하고 싶어 한다. 게다가 군사적 이유도 있다. 카스피해가 호수로 인정받으면 러시아나 이란의 해군이 호수 앞에 찾아와 위협할 수도 있기 때문이다. 약소국인 이 세 나라는 앞바다를 영해로 인정받는 것이 여러모로 이득이다.

이런 논쟁이 소련 해체 이후 22년 동안 이어지다 드디어 2018년에 종지부를 찍었다. '특수한 법적 지위를 가진 바다'로 인정한다는 결론이 나온 것이다. 모호하게나마 바다에 가까운 판결이 나온 것이나, 아직 해저 영토 분할과 자원 개발 문제가 남아 있다니 어떤 소식이 들려오나 지켜봐야겠다.

세계에서 가장 큰 인공 호수

1965년 완공된 아코솜보댐 건설로 만들어진 가나의 볼타호가 세계에서 가장 큰 인공호수다. 즉, 볼타호는 저수지다. 댐 건설 당시 7만 8천여 명의 사람과 20만 마리의 동물들이 이주했단다. 이렇게 만들어진 댐은 국가 전역에 전기를 공급하고 있다. 볼타호의 면적은 8,502km²로 무려 서울시 면적의 14배에 달한다. 인공으로 만든 저수지라기엔 믿기 어려울 만큼 크다. 최북단과 최남단도 520km 떨어져 있단다. 서울에서 부산까지의 거리보다도 멀다.

현재 볼타호는 훌륭한 어장이자 아름다운 관광명소가 되었다. 가나의 치안은 좋은 편이므로 관심이 있다면 찾아가 보자.

세계에서 가장 깊은 호수

러시아에 있는 바이칼호다. 이 호수는 평균 수심 744m에 무려 1,642m의 최고 깊이를 자랑한다. 전 세계에서 최고수심이 1,000m 이상인 호수는 단 세 곳뿐이다. 그중 바이칼호의 최고수심은 세계에서 가장 높은 빌딩인 부르즈 할리파를 2개나 세워넣을 수 있는 깊이다. 건물뿐 아니라 여간한 산을 넣고도 남는 깊이인데, 실제로 우리나라에서 네 번째로 큰 산인 덕유산 향적봉을 넣고도 남는 깊이라고 하면 감이 좀 오려나. 아직 덜 온다면 우리나라에서 가장 깊은 바다인 동해로 가보자. 동해의 평균 수심은 1,530m다. 즉 바이칼호는 여간한 바다와 다름없는 깊이다.

바이칼호는 면적도 31,494km²로 세계에서 7번째로 큰 호수다. 이는 경기도 면적 세 배 정도의 크기다. 하지만 바이칼호가 워낙 깊다 보니 총 부피로는 오대호를 합친 정도란다. 지구 담수의 무려 20%를 담고 있다고. 게다가 바이칼호는 생물 다양성에 있어서 굉장히 중요한 곳이다. 바이칼호 근처에 서식하는 동물의 약 60%가 고유종이며 바이칼호에 사는 물고기 또한 절반 가까이가 고유종이다.

또 하나, 바이칼호는 세계에서 가장 맑고 깨끗한 호수로도 꼽힌다. 물이 얼마나 깨

끗하면 수심 40m까지도 투명하게 보인단다. 시베리아 청정 지역에 위치해 오염이 거의 없었기 때문에 탁월한 수질을 유지할 수 있었다. 주위에 커다란 대도시가 없는 것도 한몫했다. 이제 우리나라에서도 바이칼호 수입 생수를 만날 수 있는데, 궁금하면 한 번 마셔보시라. 하지만 마을의 생활수준이 발달하며 옛날보다 많이 오염되었다는 안타까운 소식도 간간이 전해져온다.

세계에서 가장 높은 호수

앞서 다룬 곳들 중에 힌트가 있다! 이곳은 어디일까? 정답은 세계에서 가장 높은 활화산 오호스델살라도에 있는 호수다. 산의 최정상은 6,891m고, 이 호수는 동쪽 사면 6,390m 지점에 있는 화산호다. 수심이 얕고 기온이 낮아 얼어붙기 부지기수지만 지름이 약 100m 정도 되는 엄연한 호수다. 어떤가. 오호스델살라도에 가면 '세계 최고'를 2개나 찍어 볼 수 있다.

운송로로 사용할 수 있는 호수 중 가장 높은 호수를 찾는다면 티티카카호로 가야 한다. 마찬가지로 안데스산맥에 있으며, 페루와 볼리비아 사이 고도 3,812m에 위치한다. 수량으로 따지면 남미에서 가장 큰 호수다.

이름도 귀여운 티티카카호는 실제로 많은 여행객을 끌어당기는 장소다. 특히 우로스섬이 유명한데 매우 놀랍게도 갈대로 만든 인공 섬이다. 세상에 이렇게 말도 안 되는 곳이 있나 싶지만, 실존한다. 그것도 그러한 섬이 40여 개나 있다.

우로스의 주인 우르족은 한때 육지 주민들에게 핍박을 받는 존재였단다. 그래서 그들은 안전을 위해 직접 갈대로 섬을 만들기 시작했다. 위협이 닥쳤을 때 섬을 움직여 도망가기 위함이었다. 구글 지도를 켜고 'Uros'를 검색해보면 재미있는 현상을 볼 수 있다. 자동으로
숙박업소 리스트가 뜨는데 내륙이 아닌 호수 안에 수십 개의 호스텔이 뜨는 것이다. 위성 뷰로 전환해서 살펴보면 갈대 섬이 옹기종기 떠 있는 모습을 볼 수 있다.

세계에서 가장 낮은 호수

'염도가 너무 높아 사람이 들어가도 뜬다는 바로 그 호수'가 이 질문의 정답이다. 사해는 염호로 유명하지만, 세계에서 가장 낮은 호수이기도 하다. 해발고도는 무려 해수면보다도 한참 낮은 -418m다. '사해死海'라는 이름이 붙을 수 있었던 까닭도 낮은 곳에 있었기 때문이다. 아 참, 이름은 비록 '죽음의 바다'일지라도 사해는 바다가 아니다. 사실은 '죽음의 호수'라고 기억해두길 바란다.

사해에는 요르단강*에서 강물이 흘러들어온다. 하지만 저지대인 사해에서는 더이상 물이 흘러내려 갈 곳이 없다. 요르단강에서 흘러들어온 물은 바다로 빠져나가지 못하고 그대로 사해에 고여 버렸다. 사해가 있는 지역은 이스라엘과 요르단의 국

경 사이이다. 이 지역은 사막 기후로 강수량은 적고 물의 증발량만 많은 곳이다. 게다가 사해 주변의 암석에는 염분이 포함되어 있으니, 물은 증발하고 염분만 축적될 수밖에 없었다. 사해는 그야말로 소금 호수가 될 수밖에 없었던 운명이었다.

사해의 염도는 무려 34.2%

로, 바닷물보다 10배에 가까운 염도를 자랑한다. 당연히 물고기는 못 산다. 사해 하면 튜브 없이 사람이 둥둥 떠다니는 사진이 떠오르는데, 저 정도 염분이면 가능한 일이다. 재미있어 보인다고? 물론 균형을 잘 잡으면 재미있겠지만, 뒤집혀서 물 먹을 가능성을 감안하고 시도해야 한다. 소금물을 강제로 흡입하는 것도 무섭지만, 눈이 얼마나 따가울까 생각하면 아찔하다. 절대 물에 빠질 일이 없을 것 같은 사해에도 안전요원들이 대기 중인데, 다른 곳과 달리 소금물로 괴로워하는 사람들을 생수로 구해주는 역할을 한다. 아, 몸에 상처가 있다면 들어가지 말 것. 상처에 소금물을 끼얹는 꼴이니까.

사해는 이스라엘과 요르단의 중요한 관광자원이다. 사해 주변의 광물질의 효험이 좋은 평가를 받아 관광객들은 머드 팩을 바르며 시간을 보내기도 한다. 이러한 사해

• 성서에 나오는 요단강이 바로 요르단강이다.

가 사실은 소멸 위기에 처했다.

사해는 말라가는 중이다. 본디 하나의 호수였던 사해는 지금 두 개의 호수로 나누어졌다. 가장 큰 이유는 요르단강이 관개에 이용되면서 사해로 유입되는 수량이 급격히 줄어든 탓이다. 사해의 죽음이 그려지자 이스라엘과 요르단은 사해를 되살릴 아이디어를 내기 시작했다. 그중 하나가 요르단이 홍해에서 바닷물을 사해로 끌어다 오자는 이야기였다. 운하를 건설해 요르단과 팔레스타인 주민들에게 용수도 공급하고, 남은 물을 사해로 공급시켜 수면을 유지하자는 계획이다. 이 계획은 2021년에 완성될 예정이다. 하지만 계획대로 잘 이루어질지는 의문이다. 왜냐하면 운하가 지나는 길목에 지진지대가 있을뿐더러, 낯선 바닷물이 유입되면 사해의 성분이 크게 변할 수도 있기 때문이다.

TIP   사해보다 짠 호수가 있다

세계에서 가장 낮은 호수는 사해지만 세계에서 가장 염도가 높은 호수는 사해가 아니다! 남극 돈후안호수(Don Juan Pond)의 염도는 40%가 넘어 그 추운 남극에서도 얼지 않는다고 한다. 게다가 안타깝게도 남극을 제외하고도 사해는 가장 짠 호수가 아니다. 에티오피아, 지부티, 세네갈에 사해보다 더 짠 호수가 있다.

세계에서 가장 높은 폭포

이번에는 강과 호수를 넘어 폭포로 가보자. 세계에서 가장 높은 폭포는 베네수엘라 로라이마산에 있는 앙헬 폭포다. 영어 발음인 '엔젤폭포'로도 알려져 있다. 천사와 관련된 신화라도 있을 것 같지만 최초 발견자인 제임스 엔젤의 이름을 땄을 뿐이다.

앙헬폭포는 무려 979m의 높이를 자랑한다. 폭포가 979m라니, 잘못 본 게 아닐까 싶겠지만 잘못 쓴 것도 잘못 본 것도 아니다. 앙헬폭포의 너비는 150m 정도지만, 최

대 낙차는 807m나 된다. 저런 폭포를 밑에서 맞으면 즉사할 것 같지만, 폭포의 물줄기는 하강하다 물방울로 분산되어 보슬보슬 떨어진다. 수량에 비해 높이가 어마어마하게 높은 탓이다.

앙헬폭포는 베네수엘라의 카나이마 국립공원에 있는데, 이곳은 지질학적으로 매우 가치가 높은 곳으로 20억 년 전 지구의 모습을 볼 수 있단다. 이곳에는 '테푸이tepui'라고 불리는 탁상 모양의 평평한 산이 모여 있다. 어디서인가 공룡이 나타나도 어색하지 않을 자태다. 카나이마 국립공원은 세계에서 6번째로 큰 국립공원이지만 상당히 오지에 있다. 주위는 정글로 둘러싸여 있어 육로 접근이 불가능에 가깝다. 비행기를 타고 인근 도시까지 가서, 경비행기나 카누로 다시 이동해야 한다.

세계에서 가장 큰 폭포

"불쌍한 나이아가라!" 미국의 루스벨트 대통령 부부가 이곳을 방문했을 때, 영부인 엘리너 루스벨트가 압도적인 경관을 보고 내뱉은 말이다. 나이아가라폭포를 세계에서 제일 큰 폭포로 잘못 알고 있는 경우가 간혹 있는데, 세계 최고의 타이틀을 거머쥔 폭포는 나이아가라가 아닌 브라질과 아르헨티나 국경에 있는 이과수폭포다.

브라질 내륙에서 출발한 이과수강은 파라나강과의 합류를 앞에 두고 거대한 폭포 무리를 만들어냈다. 너비가 무려 2.7km에 이르며, 평균 낙차는 70m다. 이과수폭포는 크고 작은 폭포가 모여 있는 말굽 모양의 폭포 군집인데, 이 숫자가 무려 270여 개라고 한다. 물론 우기와 건기의 수량 차이가 커서 이보다 더 적어질 때도, 많아질 때도 있다. 당연히 수량이 많은 우기에 방문해야 우리가 아는 웅장한 이과수의 광경이 펼쳐진다.

이과수폭포는 거대한 원시림 속에서 굉음을 내며 웅장한 볼거리를 선사한다. 이 중에 많은 이들이 엄지 척 하는 곳이 있다. 바로 '악마의 목구멍 Garganta del Diablo'이라고 불리는 곳이다. 이름도 무시무시한 악마의 목구멍은 약 80m의 높이를 자랑하는데, 초당 무려 6만 톤의 물이 쏟아진단다. 산책로를 통해 악마의 목구멍에 가까이 다가갈 수 있는데, 바람에 흩날리는 물보라에 비를 쫄딱 맞은 강아지처럼 흠뻑 젖어버린다. 주위를 에워싼 물보라와 흩날리는 포말, 악마를 소환하는 듯한 굉음까지. 악마의 목구멍은 모든 사람들을 압도시킨다.

TIP   이과수폭포 명당 자리는 어디?

아르헨티나가 이과수폭포 면적의 80%, 브라질이 20%를 차지하고 있는데, 악마의 목구멍은 아르헨티나 측에서만 볼 수 있다. 이 두 나라 중 어느 쪽에서 이과수폭포를 보는 것이 나은지에 대한 분쟁은 오랜 기간 동안 쟁쟁하게 다뤄져 왔는데, 아르헨티나에서 보는게 더 낫다는 의견이 조금 더 우세한 듯하다. 양측 다 장단점이 뚜렷한데, 브라질에서는 폭포 전체를 감상하기 편하고 헬기를 타고 공중에서의 조망도 가능하다. 반면, 아르헨티나에서는 폭포에 가까이 다가갈 수 있고 트레킹에 가까운 체험이 가능하다.

TIP   세계 3대 폭포

높이와 규모, 수량을 종합했을 때 브라질과 아르헨티나 국경의 이과수폭포, 잠비아와 짐바브웨 국경의 빅토리아폭포, 캐나다와 미국 국경의 나이아가라폭포를 세계 3대 폭포로 꼽는다. 이중 이과수폭포는 너비 2.7km로 세계에서 가장 큰 폭포라는 타이틀을 거머쥐었다. 하지만 세계 3대 폭포 중에서 높이는 108m로 빅토리아폭포가 제일 높고, 평균 수량은 나이아가라폭포가 가장 많다.

이름	높이	너비	수량
이과수폭포	70m	2.7km	175~1280만㎡
빅토리아폭포	108m	1.7km	109~708만㎡
나이아가라폭포	52m	1.2km	240만~830만㎡

진정한 탐험이 시작되는 바다와 섬

세계에서 가장 깊은 해구

세계에서 해발고도가 가장 높은 곳이 8,850m의 에베레스트산이라면, 세계에서 가장 해발고도가 낮은 곳도 바닷속 어딘가에 있지 않을까? 그럼 세계에서 가장 깊은 곳은 어디까지 내려갈까?

바다는 언제나 그렇듯 그 이상을 보여준다. 세계에서 가장 깊은 곳은 북태평양 서쪽에 있는 마리아나해구의 챌린저 해연 Challenger Deep 이다. 북마리아나 제도 인근으로 괌과 가까운 곳에 있다. 해구海溝란 대양에서 기다랗고 조그맣게 움푹 들어간 곳을 의미하는데, 태평양 서쪽에는 유난히도 깊은 해구가 많다. 10,000m가 넘는 해구가 다

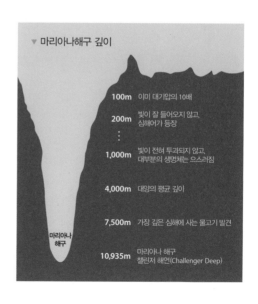

▼ 마리아나해구 깊이

100m	이미 대기압의 10배
200m	빛이 잘 들어오지 않고, 심해어가 등장
1,000m	빛이 전혀 투과되지 않고, 대부분의 생명체는 으스러짐
4,000m	대양의 평균 깊이
7,500m	가장 깊은 심해에 사는 물고기 발견
10,935m	마리아나 해구 챌린저 해연(Challenger Deep)

마리아나 해구

섯 곳이나 있다. 숫자를 잘못 적은 게 아니냐고 묻는다면 제대로 적었다는 답변을 드
린다. 에베레스트 정상을 뚝 잘라 떨어뜨려도 해수면에 얼굴조차 내밀지 못한다. 그
중 단연 제일 깊은 곳은 마리아나해구인데 무려 -10,935m다. 이 기록은 에베레스트
를 떨어뜨려 놓고 그 위에 한라산까지 올려도 아직 해수면 아래인 기록이다. 더욱
더 놀라운 것은 현대 잠수함의 기술이 마리아나해구 바닥까지 도달할 정도라는 점
이다. 영화 〈타이타닉〉과 〈아바타〉의 제임스 카메론 감독은 '해양 덕후'로도 널리
알려져 있는데, 그는 스스로 1인 잠수함을 설계해 챌린저 해연의 거의 끝까지 내려
간 인물이다.

세계에서 가장 짠 바다

아라비아반도와 북동 아프
리카 사이에 있는 홍해의 평균
염도가 약 3.6~4.1%로 세계
에서 가장 짠 바다로 꼽힌다.
전 세계 평균 바다의 염도는
3.5%로 이에 비해 홍해는 확
실히 짜다. 왜일까? 앞에서 다
룬 내용으로 충분히 추측이 가
능하다. 우선, 홍해가 있는 지
역은 강수량이 적고 증발량은 많은 아열대 고압대 지역이다. 비는 오지 않는데 열심
히 증발만 하고 있으니 가뜩이나 짠 바다가 점점 더 짜게 변할 수밖에. 게다가 하나
의 이유가 더 있다. 이곳엔 홍해로 유입된다고 할 만한 강이랄 것이 딱히 없다. 담수
가 공급되지 않으니 염도가 높은 것도 무리가 아니다. 하지만 홍해는 전 세계 관광객

들이 환호하는 바다 중 하나다. 온갖 모래와 자갈을 쓸고 오는 강이 없기에 바다는 그야말로 환상적인 에메랄드빛을 보여준다. 홍해에 전 세계 다이버들이 몰리는 이유가 여기에 있다.

세계에서 가장 큰 만

인도반도와 인도차이나반도 사이에 위치한 벵골만이 217만 2000km²로 세계에서 가장 큰 만이다. 한반도 10배가량의 면적이다. 바다가 육지로 둘러싸여 해안선이 육지 쪽으로 굽어있는 곳을 만灣이라고 부른다.

벵골만처럼 커다란 바다가 벵골'해'가 아닌 벵골'만'이라는 이름이 붙은 것이 조금 의아하기도 하다. 하지만 바다라는 이름이 붙었다고 꼭 만이 아닌 것은 아닌데, 예를 들어, 황해는 바다라는 이름이 붙어 있지만 당연히 만으로 볼 수 있다. 영어로는 큰 만을 'gulf' 작은 만을 'bay'라고 부르는데, 세계에서 가장 큰 만인 벵골만을 'Bay of Bengal'이라 부르고 있어 정확하게 구분되어 사용되지는 않는다. 그밖에 어마어마한 규모를 자랑하는 만으로는 캐나다의 허드슨만Hudson Bay, 미국과 멕시코의 멕시코만the Gulf of Mexico 등이 있다.

벵골만은 커다란 크기뿐 아니라 세계의 다우지로서도 지리 시간 단골손님이다. 지구에서 가장 강력한 계절풍을 만들어내는 곳으로, 매년 우기 시즌이 되면 방글라데시와 인도 아삼지방은 홍수로 큰 피해를 본다. 열대 저기압인 사이클론도 곧잘 만들어내는 무서운 바다다. 바다의 평균 깊이는 -800m 정도며, 가장 깊은 곳은 4,500m

아래다. 방글라데시에서 갠지스강과 브라마푸트라강이 만난 커다란 하구는 토사의 방출량이 어마어마한데, 이 덕분에 상당한 퇴적물이 축적되어 대륙 근처는 비교적 얕은 바다가 이어지고 있다. 하지만 벵골만 남부 쪽은 수심이 상당히 깊다.

세계에서 가장 큰 산호초

호주 북동부에 위치한 세계 최대의 산호초 지대 그레이트배리어리프 Great Barrier Reef는 어마어마한 규모를 자랑한다. 2,000km의 길이와 35만 55km²의 면적을 자랑하는 산호초는 우주에서도 확연히 보인다. 살아있는 단일 생명체로는 세계에서 가장 크다. 이 산호 집단은 오세아니아 대륙 세로 길이의 절반 정도이며, 퀸즐랜드주 해안의 대부분에서 볼 수 있다. 그레이트배리어리프에는 크고 작은 산호초가 760여 개가 있는데, 크기도 모양도 가지각색이어서 볼거리가 풍부한 것은 물론, 산호로 이루어진 섬에도 방문할 수 있다.

그레이트배리어리프에는 다양한 동식물들이 살고 있어 생물학적 가치도 매우 뛰어나다. 특히 멸종 위기의 바다거북을 만날 수 있는 곳으로 널리 알려져 있다. 산호초 투어로 가장 유명한 도시는 케언스인데, 해양 액티비티를 즐기는 여행자들은 최고의 여행지로 꼽는다. 우리나라에서도 케언스까지 향하는 직항 노선이 있다.

이토록 천혜의 환경을 자랑하는 이곳도 기후변화로 인해 위기를 겪고 있다. 바다의 수온이 올라가면서 산호초의 백화현상이 심각해진 것이다. 수온이 다시 내려가지 않으면 하얗게 변한 산호초는 쉽게 죽는다. 지금처럼 지구온난화가 가속된다면 2050년이면 그레이트배리어리프가 사라질 것이라는 추측도 있다. 호주 정부는 그레이트배리어리프를 보존하기 위한 장기적인 계획을 수립해 노력하고 있다.

세계에서 가장 큰 섬

세계지도를 보다 북극으로 눈을 돌리면, 얼핏 오세아니아 대륙보다도 커다랗게 보이는 섬 하나가 눈에 꽂힌다. 이 커다란 섬은 하얀 눈으로 덮여있고, 커다란 규모에 비해 무척이나 외로워 보인다. 이 섬의 이름은 그린란드. 푸르른 이름과는 달리 얼음의 땅이다. 216만 6,086km²로 세계에서 가장 큰 섬이다. 물론 지구를 무리해서 평면으로 옮기다 보니, 왜곡이 심하게 일어나 유난히 커 보이는 것도 사실이다. 그래서 지도에 따라 오세아니아보다 커 보이는 것은 물론, 남아메리카대륙만큼 커 보일 때도 있다. 하지만 당연히 대륙보다

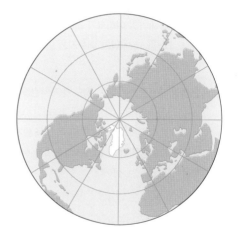

는 작다. 학계에서는 '그린란드를 기준으로 이보다 크면 대륙'이라고 구분한다. 그렇게 그린란드는 세계에서 가장 큰 섬으로 지정되었다.

땅의 대부분이 빙설 기후인 그린란드에는 5만 6천여 명의 사람들이 살아가고 있다. 물론 빙설 기후가 아닌 극히 일부의 땅을 찾아 마을을 이뤘다. 대부분의 주민은 이누이트계와 유럽계의 혼혈 주민이다. 비교적 날씨가 온화한 남서부 해안가에 주로 산다. 가장 큰 마을은 섬 남서부에 위치한 수도 누크인데, 인구의 3분의 1이 이곳에 터를 잡고 살아가고 있다.

TIP   그린...란드?

이 땅이 그린란드라는 이름을 가진 이유에는 약간의 사기성 연막(?)이 깔려있다. 985년경에 노르웨이의 에리크가 그린란드를 처음 발견하고 '초록의 땅'이라는 이름을 붙인 것이다. 소문을 내서 다른 이주자들을 모으기 위해 아름답고 풍요로운 땅인 척했다는 것으로 알려져 있다.

현재의 그린란드는 어느 정도의 자치권을 가지긴 했지만 독립된 국가는 아니다. 그럼 어느 나라 땅이냐고? 위치상 캐나다라고 예측하기 쉽지만, 실은 덴마크령이다. 그 이전에는 바이킹의 힘이 닿았던 곳이지만, 18세기 초에 덴마크 탐험가들이 왔고 1953년부터는 덴마크에 통합되었다. 덴마크의 본토는 4만 3,094km²니까 덴마크는 본토보다 50배나 큰 섬을 가지고 있는 셈이다.

세계에서 가장 멀리 떨어진 외딴 섬

세계에서 가장 멀리 떨어진 외딴 섬은 어디쯤 있을까? 광활한 태평양 한가운데 고고히 떠 있을 것 같지만, 의외로 그 주인공은 남대서양에서 만날 수 있다. 의외로 태평양에서는 작은 섬들을 드문드문 만날 수 있어, 섬과 섬 사이의 거리가 그렇게까지 멀진 않다. 물론 '비교적'이라는 전제하에서지만.

세계에서 가장 고립된 섬은 노르웨이령의 무인도 부베섬 *Bouvet Island*이다. 49km²의 면적으로 약 73km²의 울릉도보다 작다. 이곳엔 사람은 살지 않고 오로지 무인 관측소만이 있다. 이곳이 얼마나 고립된 곳이냐면 가장 가까운 섬인 트리스탄다쿠냐 제도의 고섬으로부터도 약 1,600km 떨어져 있다. 이는 서울에서 비행기

를 타고 2시간 반이나 가야 도착할 수 있는 타이베이까지의 거리 1,484km 보다 더 긴 거리다. 부베섬을 중심으로 1,600km 반경의 원을 그려본다면 그사이엔 아무것도 없다는 사실이다! 보이는 것은 오직 시퍼런 바다뿐이다. 참고로 가장 가까운 대륙인 남극 대륙과는 약 1,700km, 그다음 가까운 아프리카대륙과는 2,600km 떨어져 있다.

만약 세계에서 가장 외딴 섬인 이곳에 방문하고 싶다면 큰 각오를 해야 할 것이다. 남위 54°에 있는 부베섬은 남극권과 가까워 아한대 기후를 띠고 있다. 육지의 90%가 빙하의 무게 덕에 물속에 잠겨있단다. 게다가 구름 낀 하늘과 자욱한 안개가 당신을 맞아줄 확률이 매우 높다. 게다가 지형 특성상 배로 정착하는 것이 불가능하다. 해안절벽으로 이루어져 있기 때문이다. 섬으로 들어가기 위해서는 헬기가 유일한 방법이다. 거리뿐만이 아니라 들어가기조차 매우 어렵다는 뜻이다. 오죽하면 이곳은

지구상에서 가장 적은 사람들이 방문한 곳 중 하나로 꼽히는데, 무려 달에 간 사람 수보다도 적단다. 얼마나 외딴곳이면 부베섬의 최고봉은 고작 780m의 봉우리인데, 인류는 2012년에야 최초로 등반에 성공했단다.

세계에서 가장 멀리 떨어진 유인도

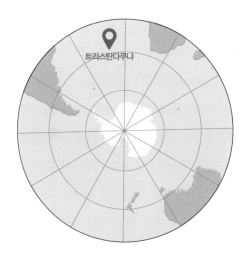

'세계에서 가장 멀리 떨어진 유인도'는 어떻게 해석하느냐에 따라 여러 가지 결과가 나올 수 있다. 만약 대륙에서 가장 떨어진 섬을 찾는다면 프랑스령 폴리네시아에 있는 마르키즈 제도가 될 것이고, 소수의 연구자만 머무는 섬을 유인도의 범위에 포함한다면 모아이로 유명한 이스터섬이 세계에서 가장 고립된 유인도가 될 것이다. 하지만 주권을 가진 마을만을 기준으로 '세계에서 가장 멀리 떨어진 유인도'를 측정한다면 남대서양의 트리스탄다쿠냐 Tristan da Cunha 가 그 주인공이 된다. 기네스에서는 '세계에서 가장 고립된, 사람이 사는 섬'으로 이 섬을 올렸다. 이곳에서 가장 가까운 인간의 거주지역은 북쪽

으로 2,434km 떨어진 세인트헬레나섬*이다.

트리스탄다쿠냐섬은 98km²의 화산섬으로, 작은 섬이지만 정상은 2,086m에 이른다. 평지 부근에 251명의 사람들이 섬의 유일한 마을 '에든버러 오브 더 세븐 시즈'에서 살아가고 있다. 이곳은 영국령으로 영어를 사용하는 마을이다.

이 섬은 지리적으로 거의 완벽한 고립지대에 속하는데, 그중 제1차 세계대전 시기에는 완전한 고립 시기를 보냈다. 평소에는 한 해에 한 번 육지에서 물자 보급이 이루어졌는데, 이 시기에는 완전히 물자 보급이 끊겼단다. 심지어 전쟁이 끝나고도 10년 동안이나 섬에선 단 한 통의 우편물도 받지 못했다고 한다.

현재 이 섬의 사람들은 자급자족으로 살아가고 있으며, 매년 단 9번 케이프타운에서 출발하는 정기선을 통해 외부 물자를 공급받고 있다. 공항은 없고, 케이프타운에서 오는 배를 맞이할 항구만 단 한 개 있다. 2000년대에 들어와 위성TV와 인터넷이 가능해졌고, 영국의 우편번호를 받아 온라인 쇼핑도 가능해졌단다. 물론 요금과 속도는 아직 불만족스러운 수준이라고 한다.

• 나폴레옹이 유배되어 6년간 살다 생을 마감한 곳으로 유명한 섬이다.

지도를 가득 채운
나라 이야기

세계에서 가장 큰 나라

　세계지도를 펼치면 혼자서 압도적인 크기를 자랑하는 나라가 하나 있다. 혼자서 너무나도 커다랗기에 비현실적일 정도다. 사실 러시아의 영토는 지도의 왜곡으로 인해 고위도로 갈수록 굉장히 과장된 면이 있다. 그러나 그 과장을 고려하더라도 러시아는 압도적으로 크다. 블라디보스톡에서 모스크바까지 기차 여행을 한다면 꼬박 7일을 달려야 할 정도니까.

러시아의 영토는 1,709만 8,242km²라는 기록을 가지고 있는데, 이는 세계에서 두 번째로 큰 나라인 캐나다 영토와 비교하더라도 1.7배에 육박하는 크기다. 그다음 큰 나라로 알려진 캐나다, 중국, 미국은 모두 900만km²대의 영토를 가지고 있다. 러시아가 소비에트 연방이었던 시절엔 더 큰 영토를 가지고 있었기에, 당시 미국이 얼마나 소련을 견제했을지 쉽게 상상할 수 있다. 게다가 러시아는 과거 제국 시절에 알래스카를 소유한 적도 있지 않았던가. 지금의 영토가 그나마 줄어든 게 이 정도라 생각하면 무서울 정도다.

러시아는 우랄산맥을 기준으로 유럽 영토와 아시아 영토로 갈리는데, 흔히 시베리아라고 불리는 아시아 쪽 영토가 유럽 쪽 영토보다 4배 이상 넓다. 북아시아 영토를 러시아가 죄다 먹고 있는 셈이니, 이쯤 되면 아시아 국가로 쳐도 될 정도다. 하지만 수도인 모스크바도 유럽에 있고, 러시아 인구의 77%가 유럽 쪽 땅에 살고 있기 때문에 러시아는 유럽으로서의 정체성이 훨씬 크다. 러시아 인구가 약 1억 4,593만 명인 것을 생각하면, 저 넓은 시베리아 땅엔 고작 3,356만 명 정도만 살아가고 있는 셈이다. 10만km²에서 바글바글 살아가는 우리나라 인구보다 적은 셈이니, 인구밀도가 굉장히 낮다.

TIP　세계에서 가장 큰 나라 TOP 10 (2023년 worldometer 발표 기준)

① 러시아 17,098,242km²　② 캐나다 9,984,670km²　③ 중국 9,706,961km²

④ 미국 9,372,610km²　⑤ 브라질 8,515,767km²　⑥ 호주 7,692,024km²

⑦ 인도 3,287,590km²　⑧ 아르헨티나 2,780,400km²　⑨ 카자흐스탄 2,724,900km²

⑩ 알제리 2,381,741km²

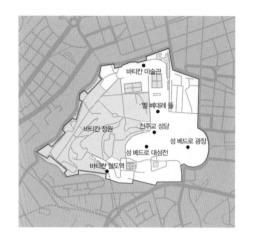

세계에서 가장 작은 나라는 바 티칸 시국이다. 널리 알려져 있듯 이 가톨릭의 총 본산지며 교황을 최고 통치자로 둔 특수한 나라다. 면적은 무려 0.44km²로, 세계에서 가장 작은 나라다. 보통의 도시국 가보다도 훨씬 작은데, 바티칸이 로마에 있는 작은 구역이라고 생 각하면 이해하기 수월하다. 전국 지도에 거의 모든 길과 건물이 표시되어 있을 정도니 얼마나 작은지 알 수 있다.

가톨릭은 어떻게 로마 안에 자신들만의 나라를 만들 수 있었을까? 과연 이탈리아 가 이걸 쉽게 인정했을까에 대한 의문이 든다면 이미 바티칸의 역사에 흥미를 느낀 셈이다. 유럽 땅에 크리스트교가 들어온 후부터, 유럽의 역사는 크리스트교의 역사 와 늘 함께 해왔다. 유럽의 역사는 왕권과 신권이 다툼하며 성장했다 해도 과언이 아 니며, 교황은 한때 왕의 권력과 비견될 정도 혹은 그 이상의 큰 힘을 가지고 있었다. 교황은 오랜 기간 이탈리아 영토를 지배해왔으나, 훗날 이탈리아에서도 민족주의 열 풍이 불며 점점 힘을 잃어갔다. 교황이 영토에 대한 지배권을 잃은 것은 1870년이 되어서다. 아무리 교황청이 힘없는 신세로 전락했다지만 가톨릭의 권위 자체를 무시 할 수는 없었다. 이탈리아로서도 국내외 반응을 고려해 교황청을 배려할 수밖에 없 었고, 1929년에 이탈리아 정부와 교황청 간에 라테란 조약을 맺으면서 이 논란이 종 결되었다. 이탈리아는 바티칸 시국을 교황청 소유의 독립국가로 인정했고, 바티칸 또한 이탈리아 정부를 인정했다. 이로서 바티칸 시국이 탄생했다.

TIP　　　세계에서 가장 작은 나라 TOP 10 (2023년 worldometer 발표 기준)

① 바티칸 시국 0.44km²　　② 모나코 2km²　　　　③ 나우루 21km²

④ 투발루 26km²　　　　　⑤ 산마리노 61km²　　　⑥ 리히텐슈타인 160km²

⑦ 마셜제도 181km²　　　 ⑧ 세인트키츠 네비스 261km²　⑨ 몰디브 300km²

⑩ 몰타 316km²

대부분 도시국가와 섬나라가 상위권에 랭크되어 있다. 1km²보다 작은 바티칸 시국은 소수점 둘째 자리까지 살렸다. 참고로 서울의 면적이 605km²인데, 전 세계엔 서울보다 작은 나라가 총 17개국이나 된다.

세계에서 가장 인구가 많은 나라

널리 알려져 있듯 세계에서 가장 인구가 많은 나라는 중국이다. 2019년 기준으로 약 14억 4천만 명의 사람들이 살고 있다. 79억에 육박하는 전 세계 인구 중 5분의 1에 가까운 인구가 중국인인 셈이다. 게다가 집계되지 않은 인구까지 합치면 실질적 인구는 16억 이상에 달한다는 말도 있다. 중국인들의 목소리가 큰 이유에 대해 생각해본 적이 있는가? '목소리가 커야 내 말에도 귀를 기울여주기 때문'이라는 이야기가 있을 정도니, 많은 인구 속에서 살아남기 위한 일종의 전략이었을지도 모르겠다.

14억이 훌쩍 넘는 중국 인구 중 약 90%는 한漢족으로 중국 인구의 대부분을 차지한다. 그러나 한족 이외에도 55개의 소수민족이 함께 살아가고 있다. 조선족도 중국 내 소수민족이다.

나라도 크고 뭐든 큰 중국은 인구마저 이렇게 많다 보니 '대륙의 스케일'이라는 인터넷 유행을 탄생시키기도 했다. 중국의 거대한 무언가를 보여주는 '짤방'이 주를 이룬다. '대륙의 워터 파크', '대륙의 고속도로' 같은 사진을 클릭해보면 사람으로 빼곡하게 찬 기이한 사진들을 볼 수 있다. 실제로 중국에서는 최대 명절인 춘절이나 휴가

▲ 이동 인파로 가득 찬 광저우역

철이 되면 엄청난 인파가 대이동을 시작한다. 음력 1월 1일인 춘절에는 중국판 '민족 대이동'이 시작되는데, 이동 인구가 무려 4억 명에 달한다고 한다. 게다가 이 시즌에는 중국 내 관광지는 물론 외국 관광지까지 중국인들로 빼곡하게 차버리는 기현상이 일어나는데, 해외여행 동호인 사이에서는 여행 날짜를 잡을 때 중국 휴일을 고려해서 가야 한다는 '여행 꿀팁'까지 공유될 정도다.

중국 땅도 예로부터 항상 사람이 넘쳤던 것은 아니다. 마지막 황조인 청나라 때가 되어서야 억 단위의 인구가 되었단다. 그 인구가 꾸준히 늘어가 청 말기에는 4억 정도 인구를 유지했고, 중화인민공화국이 수립1949년되자 폭발적으로 증가하기 시작했단다. 중국 정부도 갑자기 늘어난 인구를 감당하기가 꽤 힘들었나 보다. 1979년부터 중국은 산아제한 정책을 실행해, 도시의 부부 1쌍이 한 자녀만 낳도록 규제했다. 이 정책은 굉장히 파격적인 규제로, 미친 듯이 늘어나는 중국 인구를 억누르는 데 크게 일조했다. 하지만 이 정책으로 인한 부작용도 만만치 않았다. 개인의 인권침해는 물론이거늘, 낳아두고 호적에 등록되지 못하는 이들도 생겼다. 게다가 아들만을 선호하게 되어 여아 선별낙태가 횡행하게 되었다. 결국 중국의 성비는 세계 최악의 성비를 자랑하게 되었는데, 여아 100명이 태어날 때, 남아는 115명이나 태어나고 있는 현실이다. 이런 문제점을 국가에서도 인지했는지 2016년이 되어서야 한 자녀 정책이 폐지되고 '두 자녀 정책'이 시행되었다.

10년 전만 해도 중국은 13억 인구, 인도는 10억 인구라고 알려져 있었다. 그러나 언젠가는 인도 인구가 중국을 앞설 것이라는 예측이 있었는데, 이제 머지않아 그날이 올 듯하다. 2023년 기준으로 이미 인도의 인구가 13억 8천만 가까이 도달했기 때문이다. 다만, 인도 역시 여아 낙태로 인한 성비 불균형이 심각하다. 게다가 인도는 딸이 시집갈 때 지참금을 주는 문화가 있고, 여성 대상의 성폭력 또한 심각한 사회문제로 자리잡아 성비 불균형은 더욱 심각해질 것으로 보인다.

TIP 세계에서 인구가 많은 나라 TOP 10 (2023년 UN인구국 발표 기준)

① 중국 14억 3,932만 명   ② 인도 13억 8,000만 명   ③ 미국 3억 3,100만 명
④ 인도네시아 2억 7,352만 명   ⑤ 파키스탄 2억 2,089만 명   ⑥ 브라질 2억 1,256만 명
⑦ 나이지리아 2억 614만 명   ⑧ 방글라데시 1억 6,469만 명   ⑨ 러시아 1억 4,593만 명
⑩ 멕시코 1억 2,893만 명

그 외에도 일본, 에티오피아, 필리핀, 이집트까지 총 14국의 인구가 1억이 넘는다. 한국은 5,127만 명으로 세계 28위다. (반올림하여 만의 자리까지 표기함)

세계에서 가장 인구가 적은 나라

세계에서 가장 작은 나라 바티칸 시국이 인구도 가장 적다. 2019년 통계 기준 고작 801명이다. 이 정도면 도시는커녕 작은 마을의 인구 수준이다. 그런데 조금 이상하다. 바티칸 관광시설에서 일하는 사람들만 대충 세어도 천 명은 족히 넘어 보이기 때문이다. 대체 바티칸 시민권을 가지고 있다는 801명의 정체는 무엇일까 궁금해진다.

바티칸은 전 세계에서 인구 대비 최다 관광객을 맞이하는 나라기도 하다. 시민이 채 1,000명도 되지 않는 곳에 매년 550만 명의 사람들이 방문하고 있으니, 이 많은 관광객을 도와줄 외부 서비스 인력이 필요할 것이다. 바티칸에서 일하는 사람들은 약 2,400명이다. 바티칸에서 일하는 사람을 봐도 그 사람이 바티칸 사람이 아닐 확률이 훨씬 높다는 이야기다. 이들은 어떠한 자격을 얻어 일을 하는 걸까? 또 바티칸 시

민들은 어떻게 시민권을 얻은 것일까?

만약 책을 읽는 당신이 독실한 가톨릭 신자라서 바티칸 시민권을 취득하고 싶다면 이 파트를 눈여겨보자. 우선 불가능에 가깝지만 교황이 되거나, 바티칸이나 로마에 거주하는 추기경이 되거나, 교황청의 외교관이 되는 방법이 있다. 바티칸에서 필요로 하는 직무를 수행하기 위해 바티칸에 취업하는 방법도 있다. 예를 들면, 스위스 근위대가 있다. 스위스근위대는 신성로마제국 시절부터 조약에 의해 510년간 교황의 안전을 책임져왔다. 스위스 시민권을 가진 가톨릭 남성만이 지원할 수 있는데*, 아마 독자 분들은 이마저도 해당 사항이 없을 것 같다.

다음 방법으로는 바티칸 시민권자의 배우자나 자녀가 되는 방법이 있다. 배우자 되기는 그나마 도전해 볼 수 있을지도 모르겠다만 자녀는 글쎄? 마지막으로, 교황에게 직접 허가를 받는 방법이 있으나, 이마저도 거의 불가능에 가깝다. 즉, 무슨 방법이든 바티칸 시민권을 얻기는 아주 힘들다! 어렵게 직무를 얻더라도 임무가 끝나는 순간 시민권이 박탈된다. 배우자 덕에 얻은 시민권이라도 배우자가 일을 관두면 가족의 시민권도 함께 박탈된다. 바티칸 시민권을 잃으면 대부분 원래의 국적으로 돌

• 정확히는 '스위스 시민권을 가지고 있으며 고등학교 또는 전문학교를 졸업했고, 174cm 이상의 19~30세 가톨릭 독신 남성'이다.

아가지만, 돌아갈 국적이 없으면 자동으로 이탈리아 시민권을 얻게 된다.

TIP　　　세계에서 인구가 적은 나라 TOP 10 (2023년 UN인구국 발표 기준)

① 바티칸 시국 801명　　② 나우루 10,824명　　③ 투발루 11,792명

④ 팔라우 18,094명　　⑤ 산마리노 33,791명　　⑥ 리히텐슈타인 38,128명

⑦ 모나코 39,242명　　⑧ 세인트키츠 네비스 53,199명　　⑨ 마셜 제도 59,190명

⑩ 도미니카 연방 71,986명

유럽의 도시국가와 태평양 섬나라들이 상위권에 랭크되어 있다.

세계에서 가장 인구밀도가 높은 나라

영토는 좁고 사람은 많을수록 인구밀도가 높아진다. 이에 딱 맞는 조건의 나라가 되려면 도시 국가여야 한다. 바티칸이 너무나도 작았기에 잠시 뒷전으로 밀린 나라가 있는데, 바로 프랑스 남부 지중해 연안에 위치한 모나코**

다. 영토를 찾아볼까? 고작 2.02km²밖에 안 된다. 여의도가 4.5km²이니, 여의도의 절반도 채 안 되는 셈이다. 모나코 또한 지도에 전국의 모든 길을 다 담을 수 있을 정도로 작다. 이 정도면 마을 국가다. 이렇게 좁은 지역에 3만 8천여 명의 사람들이 모여

** 이름이 비슷한 모로코는 북아프리카에 있는 나라로 사하라사막을 만날 수 있다. 또한 코모로는 동부 아프리카에 있는 인도양의 섬나라이다.

살고 있으니, 인구밀도는 무려 1km²에 18,149명. 2위인 싱가포르의 인구밀도 8,377명/km²를 2배나 훌쩍 상회한다.

모나코는 여러모로 환상의 나라처럼 보인다. 높은 곳에 있는 성, 그 밑에 바닷가를 끼고 오밀조밀 모여 있는 부호들의 모습은 여유롭기 그지없다. 게다가 모나코 사람들은 세금을 내지 않는다. 관광과 카지노 수익, F-1 경주 개최, 우표 판매만으로 세금이 충당된단다. 모나코는 국민들만 세금을 안 내는 게 아니라, 외국인에게도 세금을 면해 주는 것으로 유명하다*. 지중해에 깔린 고급 요트의 향연은 전 세계 부호들이 세금을 피하고자 모나코를 고른 결과물이라고 한다.

TIP   세계에서 가장 인구밀도가 높은 나라 TOP 10 (2023년 THE WORLD BANK 발표 기준)

① 모나코 18,149명/km²   ② 싱가포르 8,377명/km²   ③ 바레인 1,892명/km²

④ 몰디브 1,737명/km²   ⑤ 몰타 1,672명/km²   ⑥ 방글라데시 1,329명/km²

⑦ 바티칸 시국 1,177명/km²   ⑧ 팔레스타인 892명/km²   ⑨ 바베이도스 656명/km²

⑩ 모리셔스 641명/km²

위의 목록은 UN 193개국과 옵서버 국가 2개국을 포함한 195개국 대상의 조사 결과로서, 만약 대만을 포함한다면 대만은 661명/km²로 바베이도스를 제치고 9위에 랭크된다.

도시국가에 비독립국 범주를 포함한다면, 마카오가 인구밀도 21,403명/km²로 모나코를 제치고 1위를 차지하고 홍콩도 7,135명/km²로 4위에 등극한다.

도시국가나 작은 섬나라는 영토가 좁아 당연히 인구밀도가 높게 나타날 수밖에 없는데, 이 순위 안에 이름을 올린 방글라데시에 주목해보자. 실질적으로 방글라데시야말로 진정한 인구밀도의 아이콘이라고 할 수 있다.

한국은 나우루, 르완다, 산마리노에 이어 531명/km²로 14위에 올랐는데 이는 상당히 높은 순위다.

• 모나코의 국방권과 외교권을 가지고 있는 프랑스는 예외다.

그다지 멀지 않은 이웃 나라에 그 주인공이 있다. 바로 끝없이 펼쳐진 초원의 나라, 몽골이다.

몽골은 약 156만 4,110km^{2}의 면적으로 한반도 면적의 약 7배가 되는 땅을 지녔다. 하지만 이 넓은 땅에 고작 인구 335만 명만이 살고 있다. 그 넓은 땅에 우리나라 제2의 도시인 부산과 비슷한 인구가 살고 있는 것이다. 게다가 도시인 수도 울란바토르_{약 4,700km^2}에 인구의 절반이 살고 있다. 울란바토르를 예외로 빼 보자. 그러면 156만km^{2}의 면적에 고작 150만 명 정도가 사는 셈으로, 그 넓은 몽골 초원에는 1km^{2}당 1명 정도가 살고 있다는 기가 막히는 통계가 나온다.

실제로 몽골의 초원에선 막힘없는 시야 앞에서도 사람 한 명 발견하기 힘들다. 사람은 못 만나도 초원을 누비는 말이나 양과 만날 수는 있겠지만. 사람이 귀한 몽골이기에 이곳에선 손님에 대한 환대가 대단하다. 몽골의 초원을 누빌 계획이 있다면 한껏 기대해도 좋겠다.

TIP 세계에서 가장 인구밀도가 낮은 나라 TOP 10 (2023년 THE WORLD BANK 발표 기준)

① 몽골 2명/km^2　　　② 나미비아 3명/km^2　　　③ 호주 3명/km^2

④ 아이슬란드 4명/km^2　　⑤ 리비아 4명/km^2　　　⑥ 수리남 4명/km^2

⑦ 가이아나 4명/km^2　　⑧ 캐나다 4명/km^2　　　⑨ 모리타니 5명/km^2

⑩ 보츠와나 5명/km^2

덴마크령 그린란드를 함께 계산하면 0.14명/km^{2}로 세계 1위에 등극한다. 반면, 나라로 인정받기 위해 노력 중인 서사하라를 목록에 포함시킨다면 2명/km^{2}로 몽골을 제치고 세계 1위에 등극한다.

미리 말하자면 이 통계에 대해서는 정확한 근거가 없다. 각국의 정부 기관 통계에 따라 비공식적으로 줄을 세웠을 뿐이다. 어떤 나라에서는 정확한 수치를 제공하지만, 어떤 나라는 아예 집계조차 하지 않는다. 게다가 한 번 측정된 수치가 정확한 수치라는 보장도 없다. 지형이라는 것이 변할 수 있는 것인 데다 측정 기준이 바뀌기도 하니, 같은 국가에서 낸 발표라도 결과가 달라지기도 한다.

'섬'이 뜻하는 바조차 명확하지 않다는 점도 세계 1등을 가리는데 방해요소가 된다. 어느 정도 규모가 되는 섬만을 섬이라고 규정할 것인지, 사람이 발을 딛지도 못할 작은 암초까지 섬으로 규정할 것인지, 즉 명확한 정의가 내려져 있지 않다. 암초의 경우엔 포함하느냐 마느냐에 따라 통계치가 2~3배씩 뛸 정도로 영향이 크다. 안타깝지만, 명확한 국제 규정이 없으니 나라마다 제각각의 해석을 통해 측정할 수밖에.

지금까지 국가기관에서 낸 통계 중에 가장 높은 수치를 자랑하는 나라는 바로 노르웨이다. '섬나라도 아닌 노르웨이가 어떻게 1위?'라는 의문이 든다면, 노르웨이의 피오르를 떠올려보자. 빙하의 침식으로 만들어진 골짜기에 바닷물이 들어서며, 크고 작은 섬들이 무수히 만들어질 수밖에 없었다. 피오르 생성으로 인해 노르웨이 해안선의 총길이는 28,953km나 된단다. 그래서 노르웨이의 섬은 몇 개일까? 놀라지 마시라. 2011년 노르웨이 정부가 내놓은 측정값은 무려 239,057개라고 한다. 이 수치에는 심지어 81,192개의 바위섬이 포함되지 않았단다.

노르웨이를 이어 높은 측정치를 내놓은 국가 또한 마찬가지로 스칸디나비아의 국가다. 스웨덴은 자국에 221,831개의 섬이 있다고 발표했고, 스웨덴의 측정 기준에는 암초까지 포함되었다고 한다. 핀란드는 또한 188,000개의 섬이 있다고 발표했다. 그 다음으로 52,455개의 섬이 있다고 발표한 캐나다가 있는데, 캐나다의 경우 스칸디나비아식으로 계산하면 섬의 수가 3배로 늘어난단다.

북극권 국가들이 압도적인 섬의 수를 자랑할 수 있는 이유는 빙하 때문일 것이다. 빙하의 영향을 받지 않고도 섬이 가장 많은 나라는 18,307개의 섬이 있다고 알려진 인도네시아다.

우리나라 또한 리아스식해안*이 형성되어 섬이 많기로 유명한 나라인데, 한국해양수산개발원에 따르면 우리나라엔 3,348개의 섬이 있단다. 앞서 소개한 나라들이 유난히 섬이 많았을 뿐이지, 우리나라도 섬 많기로는 세계 상위권에 속한다. 남해안에 다도해라는 별칭이 괜히 있는 게 아니란 얘기다.

세계에서 가장 잘 사는 나라

세계에서 가장 잘 사는 나라라니, 너무나도 애매모호하다. 무엇을 근거로 가장 잘 산다고 할 것인지도 불명확하다. 돈이 가장 많은 나라? 복지가 가장 좋은 나라? 다양한 기준을 둘 수 있겠지만, 이번에는 '1인당 GDP**'를 기준으로 이야기를 나눠 보겠다.

- 피오르(fjord)가 빙하에 의한 침식에 의해 만들어졌다면, 리아스식해안(ria)은 하천에 의해 침식되어 만들어졌다. 침식된 육지가 가라앉거나 해수면이 상승하면 우리나라 남해안과 서해안처럼 복잡한 해안선이 만들어진다. 미국 동부의 체사피크만과 우리나라의 남·서해안이 대표적인 리아스식해안이다.

- 'Gross Domestic Product'의 약자로 '국내 총생산'이라고도 부른다. 한 나라 안에서 이루어진 생산 활동을 모두 포함하는 단어며, 국내에서 이루어진 외국인의 생산 또한 포함되는 지표다. 생활수준과 경제성장률을 분석할 때 사용된다.

GDP는 한 국가에서 일어난 모든 총생산을 의미한다. 국가의 규모가 크다면 GDP가 높게 나올 확률이 크다. 당연히 많은 사람이 생산활동에 참여하기 때문이다. 하지만 국가의 GDP가 곧 개개인의 생활수준을 의미할 순 없기 때문에, 이럴 때는 1인당 GDP를 계산해보면 된다. 아쉽게도 이 지표마저 100% 신뢰할 순 없다. 빈부격차를 고려하기 힘들기 때문이다. 게다가 지표를 산출하는 기관마다 약간의 차이가 있는데, 이번에는 IMF^{국제통화기금}에서 발표한 '2023년 1인당 명목 GDP'를 기준으로 이야기해보자.

IMF에서 발표한 1위 국가는 바로 유럽 서부에 위치한 작은 내륙국 룩셈부르크다. 의외로 낯선 이 나라의 이름을 밴드 크라잉넛의 노래 〈룩셈부르크〉를 통해 알게 된 사람도 있을 것이다. 룩셈부르크는 흔히 네덜란드, 벨기에와 더불어 '베네룩스 3국'으로 불린다. 서울시의 4배 정도 되는 2,586km²라는 작은 면적에, 고작 63만 명 정도의 인구가 살아가는 나라다. 룩셈부르크가 네덜란드로부터 독립한 것은 1839년이었다. 본디 산악 국가였던 룩셈부르크는 19세기 중반만 해도 가난한 지역이었단다. 그 이후 철광산업이 발달하며 지역이 부흥하기 시작했고, 지금은 세계화가 이루어지며 세계 금융의 중심지로 우뚝 서게 되었다.

룩셈부르크의 2023년 1인당 GDP는 무려 132,372달러에 달했다. 한화로는 1억 7~8천 정도의 소름끼치는 수치다. 그렇게 잘 살고 물가 높기로 유명한 스위스조차

도 98,767달러로 룩셈부르크의 기록에는 한참 못 미치는 수준이다. 참고로 2023년에 한국은 세계 33위로 33,393달러를 기록했다.

세계에서 가장 안전한 나라

2023년 세계평화지수에 따르면 '세계에서 가장 안전한 나라'는 바로 아이슬란드다. 불과 얼음의 땅으로 불리는 아이슬란드가 세계에서 가장 안전한 나라라니, 조금 당혹스럽게 들리기도 한다. 화산이 폭발하는 나라가 어떻게 1등이 될 수 있었을까?

세계평화지수는 국제적으로 또는 국내적으로 심한 갈등이 있는지, 사회의 안전과 보안은 잘 되어 있는지, 나라가 군국화되지는 않았는지를 중점으로 값을 매겼다. 이 값의 근거로는 내외부 갈등의 수, 국민의 불신도, 정치적 불안정, 테러 가능성, 살인사건, GDP 대비 군사비 지출을 반영했다고 한다. 물론 자연재해 발생의 가능성 또한 고려되었다. 즉, 아이슬란드는 화산 폭발의 위험을 감수할 만큼 국제적으로도 국내적으로도 말썽이 거의 없는 평화로운 상태인 것이다.

이 차트는 아이슬란드, 뉴질랜드, 아일랜드, 덴마크 등으로 순위가 이어진다. 차트 상위권 국가 대부분은 유럽 국가 중에서도 비교적 의료시스템을 잘 갖추고 있으며 테러 위협이 적은 국가다. 아시아에서는 싱가포르9위와 일본10위이 TOP10에 이름을 올렸다. 한국은 조사 대상인 163개국 중 43위에 올랐다.

사람이 모이는
도시 이야기

세계에서 가장 최북단에 위치한 도시

간단할 것 같은 이 질문에 대한 대답도 사실은 모호하다. 도시의 기준을 어디로 둘 것이냐에 따라 답은 달라지는데, 우리나라의 기준으로 이야기를 한번 해 보자. 우리 나라 행정구역에서 군이 시로 승격하기 위해서는 5만 명 이상의 인구가 필요하다. 이 기준으로 세계 최북단 도시를 찾아본다면, 북위 69°40′에 있는 인구 7만의 도시, 노르웨이의 트롬쇠가 그 주인공이 될 것이다.

트롬쇠는 1250년부터 역사가 시작되었다. 19세기 후반에는 북극해 무역의 중심지

가 되었고, 북극 탐험대의 거점도시가 되었단다. 북극권 도시답게 여름에는 해가 지지 않는 백야 현상을 만날 수 있다. 물론 반대로 겨울에는 극야 현상도 만날 수 있는 도시다. 11월 중순부터 1월 중순까지는 해를 볼 수 없는데,

빛이 아예 들어오지 않는 것은 아니어서 황혼 같은 분위기를 즐길 수 있다. 추워서 어떻게 사냐고 생각할 수 있지만, 북대서양 난류로 인해 겨울철 평균기온이 -3.5℃ 밖에 안 된다. 북극권 여행에 관심은 있지만, 추위에는 약한 사람이라면 트롬쇠로 떠나보는 건 어떨까?

하지만 트롬쇠는 우리가 생각하는 도시의 이미지와 살짝 거리가 멀 수도 있겠다. 도시라는 타이틀에 조금 더 가까운 도시가 비슷한 위도에 하나 더 있다. 바로 북위 68°58′에 있는, 러시아 콜라반도에 위치한 도시 무르만스크다. 무르만스크에는 현재 약 30만 명의 사람들이 살고 있다. 이곳은 제1차 세계대전 즈음 도시로 성장하기 시작했다. 당시 전쟁 물자를 공급하기 위한 북극해의 거점 도시로 부동항인 무르만스크가 제격이었기 때문이다. 한때 인구가 45만 명이 되었을 정도로 무르만스크는 성장을

거듭해왔으나, 냉전이 종결된 후 젊은 인구가 급격히 빠지는 중이다. 무르만스크 또한 트롬쇠만큼은 아니어도, 난류의 영향을 받아 1월 평균기온이 -10℃ 정도다.

그렇다면 도시까지는 아니어도, 세계 최북단의 마을은 어디에 있을까? 보통 노르웨이령 스발바르 제도를 세계 최북단 마을로 여긴다. 섬이 작은 건 아니지만 북유럽보다 한참 위에 있는 섬이라, 지도 좀 봤다 하는 사람들도 스발바르를 제대로 들여다본 사람은 드물 것이다. 지구의 역사를 보관하기 위한 국제종자저장고도 이곳에 있고, 우리나라의 북극 다산과학기지도 여기에 있다.

제도에는 약 2,700명의 사람이 살고 있는데, 그중 북위 78°13′의 행정 중심지인 롱위에아르뷔엔에 약 2,000여 명의 사람이 살아가고 있다. 북극권 지형 탓에 다소 황량

해 보이지만 학교와 병원 등 마을이라고 볼 수 있는 생활 편의 시설은 모두 갖추어져 있다. 북극 연구를 담당하는 대학교도 있으며, 관광객도 맞이하기 때문에 관광 시설도 잘 갖추고 있다.

스발바르는 17세기 포경의 중심지로 이름을 알렸고, 20세기에는 석탄 채굴지로 주목을 받았다. 세계 2차 대전 당시에는 전략적 요충지가 되기도 했다. 현재 스발바르의 주요 산업은 석탄, 관광, 연구로 나누어진다. 1월 평균기온은 -16.5℃로 역시 난류의 영향을 받아 생각만큼 춥진 않다. 8월 평균기온은 4.0℃로 영상으로 살짝 올라가는 정도다.

마을이라고 하기엔 모호하지만, 세계 최북단 정착지는 또 따로 있다. 바로 캐나다 누나부트 준주 꼭대기에 있는 얼러트다. 이곳은 북위 82°30′으로 인간이 살고 있는 지역 중 가장 북극에 가까운 곳이다. 북극 지점까지는 단 817km라고 한다.

얼러트에는 영주권자가 단 5명 있다. 하지만 이곳은 마을이라기보다는 군 기지이자 연구 기지에 가깝다. 이곳에 머무는 사람들은 겨울에 약 65명 정도며, 여름이 되면 110명 가까이 머문다고 한다. 단기 방문자까지 합치면 150명 정도까지 머물기도 한다지만, 이곳은 단순 관광지가 아니라 캐나다 정부의 특수 허가가 있어야 들어갈 수 있

▲ 남쪽에서 바라본 얼러트
출처: 위키미디어 (https://commons.wikimedia.org/,
CFS Alert, May 2016, by Kevin Rawlings)

는 곳이다. 얼러트에는 군대 물품이 보급될 수 있는 공항이 있고, 나머지는 거의 군
기지나 기상관측소 등의 연구 시설이다. 얼러트의 최한월 평균기온은 -33.2℃며, 잠
시 영상으로 올라가는 7, 8월을 제외하면 모두 영하권이다.

　지금까지 나온 북극권 지역들이 모두 굉장히 멀게 느껴지진 않았는가? 펼쳐진 세
계지도만 보며, 지구가 둥글다는 점을 잠시 잊진 않았는지. 극지방에 위치한 곳들이
기에 우리나라에서 쭉 위로만 올라가면 된다. 알고 보면 우리가 흔히 생각하는 유럽
이나 미국보다도 훨씬 가깝다.

세계에서 가장 최남단에 위치한 도시

　마찬가지로 인구 5만 이상
을 도시의 기준으로 보았을
때, 아르헨티나 우수아이아
를 그 주인공으로 꼽을 수 있
겠다. 우수아이아는 남위 54°
48′에 있는 도시로, 약 5~6만
명의 사람들이 살고 있다. '세
계의 끝'이라는 멋진 별명을

가지고 있는 우수아이아는 19세기 중반부터 도시가 만들어지기 시작했단다. 아르헨
티나 최남단 티에라델푸에고의 주도이기도 하며, 남극 항로의 거점도시다.

　남반구 고위도에는 거대한 대륙이 형성되지 못해, 북반구와 달리 냉대 기후를 제
대로 볼 수 없다고 했던 사실을 기억하는지? 그럼 온대 기후 뒤에 바로 한대 기후가
나타난다는 이야기인데, 한대 기후로 인정받기 위한 기준을 떠올려보자. 그 기준점
은 최난월 평균기온이다. 여름철 평균기온이 10℃ 이하로 떨어져야 한대 기후로 인

233

정받을 수 있다. 우수아이아에서 가장 추운 겨울은 6월인데, 평균기온은 고작 1.7℃
다. 하지만 가장 따뜻한 1월이 평균 9.7℃로 10℃조차 넘기지 못했다. 여름이라지만
하루 최저 기온이 영하로 떨어지는 날도 있단다. 즉, 우수아이아는 그렇게 추운 곳은
아니지만, 여름이 따뜻하질 않아 툰드라 기후에 포함되었다. 하지만 날이 흐리고 습
하기 때문에, 살기에 그리 만만한 곳은 아닐지도 모르겠다.

　하지만 '세계의 끝' 우수아이아보다 더 아래에 있는 땅끝 마을이 있다. 우수아이아
가 있는 티에라델푸에고섬에서 바다를 한 번 건너면 나바리노섬이 나온다. 이곳에
있는 인구 약 2,000~3,000여 명의 마을, 푸에르토윌리엄스가 그 주인공이다. 남위
54°56′으로 우수아이아와 그리 멀리 떨어져 있진 않지만, 이곳은 칠레령이다.

푸에르토윌리엄스는 칠레
의 해군기지로 사용되어왔지
만, 20세기 후반이 되면서 해
군 인구는 감소하고 일반 시
민들이 늘어났단다. 현재는
남미 최남단 혼곶이나 남극
여행의 거점도시로 유명하
다. 물론 '세계 최남단 마을'
이라는 타이틀 덕에 자체 관
광업도 왕성해졌다. 이곳은 우수아이아보다 남쪽에 있지만, 최난월인 1월 평균기온
이 10.5℃로 우수아이아보다 조금 더 높다. 가장 추운 7월 평균기온도 1.3℃로 온화
한 편이다.

　마지막으로 사람이 머무는 가장 최남단은 어디일까? 남극 대륙에는 비록 시민권
자는 없지만, 특허를 받은 연구자들이 과학 기지에 머물고 있다. 수많은 과학 기지
중 미국의 아문센 스콧 기지는 남위 89°59′으로 그냥 남극점에 있는 기지라 봐도 무
방하다. 기지의 이름은 인류 역사상 처음으로 남극점 도달을 위해 힘썼던 탐험가 아

문센과 스콧을 기리기 위해
지어진 이름이다.

이 기지에는 겨울에 약 50
명, 여름에 약 200명 정도가
머문다고 알려져 있다. 무지
막지하게 추운 내륙인지라,
겨울인 6개월 동안은 일일
평균 기온이 -58℃에서 -60

℃ 사이를 오가는 수준에 육박한다. 지금까지 측정된 최저 기온은 -82.8℃였다. 춥기
도 춥지만 겨울에는 완전한 극야 현상 탓에 해까지 볼 수 없어, 이곳에서 체류한다는
것은 엄청난 스트레스를 동반하는 일이라고 한다. 여간한 체력과 정신력을 가지고는
어림도 없을 것이다. 게다가 이곳은 최난월의 평균기온조차 고작 -28℃다. 연평균기
온 또한 -49.5 ℃에 달하니, 정말 엄청나게 무시무시하다.

세계에서 가장 높은 곳에 있는 도시

페루 안데스 산지에 있는
도시 라링코나다La Rinconada
는 무려 해발고도 5,100m에
있는 도시다. 이곳의 산소는
지표면의 고작 절반뿐이어서
사람이 살아가기에 매우 가
혹한 환경이다. 이는 에베레
스트 베이스캠프의 높이로,

사람이 살아갈 수 있는 마지노선이다. 이 도시에는 산소가 부족해 폐질환 환자가 매우 많을 뿐만 아니라, 배관 시설이나 위생 환경마저도 안 좋다. 하지만 이 가혹한 환경에서도 5만 명이나 되는 사람들이 살아가는데, 바로 그 이유는 금광에 있다. 금광을 캐 수익을 얻기 위한 광부들이 라링코나다를 떠나지 못하는 것이다. 이곳은 적도와 그리 멀지 않지만, 고도가 워낙 높아 툰드라형 고산 기후가 나타난다. 최한월 평균기온이 -1.7℃고, 최난월 평균기온은 2.7℃다. 라링코나다를 제외한 다른 상위권 마을들은 대부분 에베레스트 산지에 위치한 중국, 인도의 마을이다.

그럼 세계에서 가장 높은 곳에 있는 수도는 어디일까? 정답은 볼리비아의 수도 라파스다. 라파스는 한 나라의 수도임에도 무려 3,658m나 되는 고산 지역에 있다. 인구도 79만 명이나 있는 도시다. 라파스는 근교 도시인 엘알토와 비아차를 포함해 도시권이 크게 확장되어 있는데, 총 도시권 인구가 무려 230만 명에 달한단다. 라파스의 도시권이 얼마나 큰지 짐작 할 수 있다. 게다가 같은 도시권인 엘알토는 해발고도 4,150m 높이의 도시인데, 이렇게 높은 곳에 대도시권이 형성되었다는 게 신기하기만 하다.

TIP　라파스의 위엄

라파스는 남미 축구에서 매우 악명이 높은 도시다. 축구 잘하기로 유명한 다른 남미국가 팀이 라파스에만 오면 실력 발휘를 영 못한다는 것이다. 그 이유는 바로 높은 해발고도

때문이다. 볼리비아 축구팀은 이곳에서 축구를 하는 게 익숙하지만, 갑자기 고산지대로 온 다른 나라 축구팀에게는 경기가 매우 고통스러울 수밖에 없다. 산소가 부족하니까.

라파스에서는 세계에서 가장 높은 곳에 있는 케이블카도 만날 수 있는데, 무려 대중교통용이라고 한다. 노선도 무려 11개나 있단다. 도심 위를 매우 아찔한 높이로 지나가는데, 또 달리 도시 여행을 이토록 짜릿하게 경험할 수가 있을까.

세계에서 가장 낮은 곳에 있는 도시

세계에서 가장 해발고도가 낮은 도시는 당연하게도 사해 -450m 근처에 있다. 일반적으로 이 타이틀을 획득한 곳은 팔레스타인의 예리코다. 성서에서는 예리고 혹은 여리고라는 이름으로 등장하며, BC 5,000년에 쓰인 집터를 만날 수 있는 곳이기도 하다. 예리코는 해발고도 -258m에 자리한 도시로, 약 2만여 명의 인구가 살아가고 있다. 요르단강과 사해가 만나는 지점보다 15km 정도 북서쪽에 있다. 도시의 수입은 주로 성서와 고고학 관광 수입이다. 기후는 완전한 사막 기후인데, 관개시설이 잘 되어 있어 바나나 농업도 발달했다.

예리코가 비교적 도시의 모습을 갖춘 곳이긴 하지만, 가장 낮은 곳에 있는 인간의 정착지는 아니다. 사해 바로 아래에 있는 이스라엘의 작은 마을 네오트 하키카르Neot HaKikar가 -345m로 예리코보다 더 낮은 곳에 위치해 있다. 2017년에 조사한 결과, 인구는 421명이었다고 한다. 이 마을은 이스라엘식 집단농업 공동체지만, 관광산업도 발달한 편이다.

한편 세계에서 가장 낮은 수도는 아제르바이잔에 있다. 아제르바이잔은 '코카서스 3국' 중 하나로 더욱 널리 알려져 있는데, 다른 코카서스 나라인 조지아나 아르메니아가 기독교계 정교를 믿는 반면 아제르바이잔은 이슬람교를 믿는다.

수도 바쿠는 해발고도 -28m에 있다. 하지만 막상 바쿠에 가보면, 평온해 보이는 해안 풍경에 해수면보다 28m나 아래에 있다는 점을 믿기 힘들 것이다. 바쿠가 아무리 카스피해 연안의 항구도시일지라도, 사실은 카스피해가 바다가 아닌 호수라는 점을 잊으면 아니 된다. 카스피해의 해발고도 자체가 0m가 아닌 -28m였다는 얘기다! 게다가 바쿠는 224만 명이 살아가는 도시로, 해발고도 아래에 위치한 도시 중에 가장 많은 사람들이 살아가는 도시기도 하다.

하지만 모든 해수면 아래의 도시가 내륙에 있는 것은 아니다. 예를 들어, 가이아나의 수도 조지타운은 해수면보다 낮은 고도를 갖고 있지만 바닷가에 위치한 도시다. 가이아나라는 이름조차 낯선 사람이 대다수겠지만*, 12개밖에 없는 남미 국가 중 하나로 남아메리카 북동부에 있다. 왼쪽으로는 베네수엘라, 오른쪽으로는 수리남, 남쪽으로는 브라질과 국경선을 맞대고 있는 나라다.

---

* 범죄 및 미스터리 사건·사고에 관심이 많은 사람이라면, 집단 자살로 유명한 '존스타운 대학살' 사건으로 가이아나라는 이름을 들어봤을지도 모르겠다. 1978년 미국의 사이비종교 지도자 제임스 존스가 가이아나에 땅을 사 신도들을 데려간 뒤 집단 자살을 명령한 사건이다. 사망자가 918명에 이르는 대학살 사건으로 역사에 기록되어 있다. 물론 가이아나 사람들과는 전혀 관계없는 사건이다.

가이아나의 수도 조지타운의 해발고도는 보통 -2m에서 -1m 정도인데, 방파제와 운하를 이용해 바닷물이 도시 안으로 들어오는 것을 막는다고 한다. 가끔 격한 파도가 들이치면 방파제를 넘거나, 심지어는 방파제를 부숴

버리는 경우도 있단다. 무서워서 어찌 살겠나 싶지만, 약 20만 명의 사람들이 조지타운에서 살고 있다. 가이아나는 남미 국가지만 과거 영국 식민지 시절 인도계가 많이 유입되어, 인도계와 흑인이 주민의 대다수를 이룬다는 점도 특이하다.

조지타운처럼 해안가에 위치하고도 해수면보다 아래에 있는 도시들은 침수의 가능성이 높아 각별히 자연재해에 주의해야 한다. 예를 들어, 재즈의 고향으로 널리 알려진 미국의 뉴올리언스 또한 -2m의 해발고도를 가진 항구도시다. 뉴올리언스는 지대 자체가 낮아 미시시피강의 범람으로 인한 홍수 피해나 허리케인으로 인한 침수 피해에 굉장히 약한 도시다.

세계에서 가장 인구가 많은 도시

먼저 '세계에서 가장 인구가 많은 도시'를 찾았을 때 가장 많이 보인 곳은 도쿄였다. 한 사이트에서 도쿄의 인구가 3,700만 명이라는 기함할 만한 수치를 내놓았는데, 말도 안 된다고 생각하여 조사해보니 2019년 도쿄 인구는 약 1,400만 명이 약간 안

되는 수치였다. 그렇다면 아마 3,700만이라는 숫자는 도쿄 근처의 수도권 인구*를 모두 합친 결과일 것이다. 도시권 인구라면 어쩌면 도쿄 수도권이 세계에서 제일 클 수도 있겠다.

'역시 1위는 도쿄인가' 하며 넘기려던 순간, 서울이 31위에 고작 996만 명이라는 수치로 적힌 것을 보았다. 해당 사이트에서는 도쿄를 수도권 전체 기준으로 계산해놓고, 서울은 달랑 서울시 하나만 반영한 것이다. 만약 서울을 도쿄처럼 수도권을 기준으로 계산했다면, 경기도 인구 1,300만과 인천광역시 인구 300만을 추가로 넣었어야 했다. 그렇게 계산하면 서울 수도권 인구도 2,500만 명이 넘는 값이 나왔어야 한다. 이쯤에서 깨달았다. 이 검색 결과를 신뢰할 수 없다는 것을.

애당초 도쿄가 서울보다 압도적으로 큰 도시인가 따지고 들어가 보면 그것도 아니다. 도쿄는 인구 1,400만의 도시고, 서울은 1,000만 도시니까 도쿄가 크다면 큰 게 맞다. 하지만 애초에 행정구역 면적이 다른 것을 어떻게 하겠는가. 도쿄도의 행정구역을 자세히 살펴보면 '23개의 구'와 '타마 지역'이라고 불리는 곳으로 나누어져 있다. 우리가 흔히 도쿄라고 생각하는 지역은 '도쿄 23구'라고 불리는 일부 지역이다. 도쿄도 전체의 면적은 2,194km²지만, 도쿄 23구의 면적은 고작 627.57km²이며 이 지역에는 963만 명의 사람들만 살고 있었다. 서울은 605km²의 면적에 975만 명이 살아가고 있다. 그러면 도쿄가 더 큰 도시라고 할 수 있을까?

행정구역 면적이나 도시권을 어디까지 두느냐에 따라 값이 달라질 수 있다는 것을

• 도쿄도(약 1,300만 명), 카나가와현(약 900만 명), 사이타마현(약 700만 명), 치바현(약 600만 명)

알게 되었으니, 검색 결과를 신뢰하지 말고 기준에 따라 어디까지 결과가 달라질 수 있는지 보기로 했다.

나라에서 지정한 행정구역의 면적에 따라 도시 인구는 천차만별이 될 수 있다. 행정구역 면적을 고려하지 않고, 세계에서 가장 인구가 많은 도시를 고른다면 의외의 도시가 선정된다. 바로 중국의 충칭이다.

충칭시의 인구는 무려 약 3,000만 명이다. 베이징도 상하이도 아닌 충칭이 1위라는 것만 해도 놀라운데, 충칭시에 3,000만 명의 사람들이 산다니 놀랍기 그지없다. 하지만 우리는 면적의 오류에 걸린 것뿐이다. 충칭은 중국의 행정구역 중 '직할시'에 속하는데 면적이 무려 82,368km²로 서울의 136배에 달한다. 조금 더 과장해서 말하면 남한 면적에서 약간 모자라는 수준이다. 실제로 충칭 내에서 도시에 사는 인구는 746만 명 정도에 불과하다.

충칭이 광활한 면적으로 세계 최대의 도시라는 오해를 샀다면, 반대로 매우 큰 도

시권을 형성하고 있음에도 좁은 행정구역으로 소도시 취급을 받는 곳도 있다. 바로 필리핀의 수도 마닐라다. 마닐라는 고작 178만 명이 사는 도시로, 1억 인구 필리핀의 위엄이 초라해 보이는 성적이다. 하지만 지도에서 마

닐라를 검색해보면 아주 작은 구역 하나만이 나올 뿐이다. 인구 따지기 이전에 고작 38.55km²라는 도시 면적에 놀란다. 겨우 서울의 강남구 면적39.5km² 정도에 불과하다*.

그럼 명실상부 서울의 핵심지구인 강남구의 인구는 얼마일까? 놀라지 마시라. 54만 명이라고 한다. 마닐라와 강남구 중 어디가 더 큰 도시일까? 고민할 필요도 없이 마닐라에 압도적으로 많은 사람이 살고 있다. 서울에서 가장 많은 사람이 사는 곳은 송파구인데 그조차도 67만 명 정도로 마닐라에겐 도전장도 못 내민다.

이렇게 작은 행정구역 탓에 소도시 취급을 받던 마닐라지만, 사실 메트로 마닐라로 확대해서 본다면 620km² 면적에 약 1,300만이 사는 대도시권이 된단다. 관점에 따라 서울특별시보다 훨씬 큰 도시로 볼 수도 있는 것이다.

인구밀도로 보자면 방글라데시의 수도 다카를 이길 곳은 없다. 면적은 306km²로 서울의 반 정도 되는 크기지만, 2011년 인구 조사 기준 891만 명이 살고 있었다. 당시 인구밀도를 따져도 무려 1km²당 29,000여 명이 산다는 숫자가 나온다. 참고로 서울의 인구밀도는 약 16,500명이다. 인구밀도라면 둘째가라면 서러울 서울의 기록도

• 서울에서 가장 큰 구는 서초구(47.03km²)이며 다음이 강서구(41.43km²)고, 그 다음이 강남구다.

가볍게 이겨버린다. 그런데 이게 다가 아니다. 다카의 엄청난 인구유입과 성장률을 고려해 보자면, 지금은 인구 1,000만 명이 훌쩍 넘고도 남을 거라는 것이다. 게다가 수도권 지구₁,₄₆₄km² 전체에는 2,000만 명 정도가 사는 것으로 추정되며, 이를 토대로 인구밀도를 계산해보면 1km²에 17만 명의 사람들이 살아가는 셈이다. 여기서 끝이 아니다. 다카시가 속한 다카주를 기준으로 잡으면 고작 면적 20,594km²에 인구는 3,600만 명이라는 숫자가 나온다. 이것도 2011년 수치이니 지금은 인구가 훨씬 늘지 않았을까?

여러 가지 관점으로 '세계에서 가장 인구가 많은 도시'를 살펴보니, 기준에 따라 매번 정답이 달라질 수밖에 없겠다는 결론만이 나온다. 중요한 것은 이 기록은 절대 좋아할 일이 아니라는 점이다. 인구가 대도시로 몰리게 되면 도시가 그 많은 사람을 수용하지 못해 주거환경이 열악해진다. 그리고 나라의 균형도 깨질 수밖에 없다. 지방이 죽으면 결국 나라도 죽는다는 사실을 상기해야 할 때다.

세계지도로 읽은 세상

글을 쓰는 동안 주변에 세계지도에 관한 책을 쓴다고 알렸습니다. 그러니 다들 고개를 갸우뚱하더군요.

"세계지도? 그런 거로도 책이 나올 수 있어?"
"너는 여행 작가가 될 줄 알았는데, 신기하다."

그러게요. 저도 이런 책을 쓰게 될 줄 몰랐습니다. 그것도 첫 책으로 쓸 줄은 더더욱 몰랐지요. 나만이 쓸 수 있는 콘텐츠를 생각하다 보니 세계지도에 대해 이야기를 하자는 결심이 섰습니다. 여행 좋아하는 사람 세상에 참 많고, 글을 잘 쓰는 사람도 세상에 참 많죠. 그런데 세계지리에 대한 이야기를 풀어주는 사람은 잘 없더라고요. 저는 전문가는 아니지만 제가 좋아하는 것을 여러분과 나누고 싶었습니다. 제 세계를 확장시켜준 가장 고마운, 세계지도라는 존재를 모두와 나누고 싶었습니다.

'세계지도'라는 단어의 등장에 반응은 크게 두 가지였습니다. '나도 사실 세계지리 좋아했었어'라는 반응과 '나는 세계지리를 잘 몰라'라는 대답이었죠. 하지만 어느 쪽이든 '세계지리를 쉽고 재미있게 공부해 보고 싶다'라는 반응을 보였습니다.

글을 쓰는 동안 많이 고민했습니다. 어떻게 하면 세계지리라는 다소 학술적인 내용을 재미있게 전달할 수 있을까 하고요. 이러한 고민이 여러분에게 좋은 결과로 다가갔다면 좋겠습니다. 어릴 적 배운 세계지리가 새록새록 떠오르는 쾌감을 느끼고, 세계지도에 담긴 인문학적 고민을 함께 나눴길 말입니다. 지도를 보고 여행지를 선택할 수 있는 똑똑한 여행자가 되었고, 세계 온갖 흥미로운 곳으로의 탐험을 꿈꾸는 예비모험가가 되었길 바랍니다.

세계지도를 읽은 여러분들의 세상도 크게 확장되었을 것입니다. 어렴풋이 알던 것들 혹은 오해하고 있던 것들을 새로이 정리하는 과정에서 단순히 지식 향유를 넘은 커다란 사회적 구조를 읽으셨으리라 생각됩니다. 여러분들의 확장된 세계를 주위에 무럭무럭 알려주세요! 세상에 뒤틀린 오해를 바로잡는 데는 한 명 한 명의 힘이 중요하니까요. 지리는 따분한 지식이 아닌, 우리가 사는 세상을 이해하는 재미있는 수단임을 모두가 느낄 수 있게요.

저는 앞으로도 세계지도를 통해 세상과 여행 이야기를 나눌 예정입니다. 더욱 다양한 방법으로, 더욱 다양한 사람에게, 또 더욱 다양한 시각으로요. 세계지도를 깨달음과 즐거움으로 향유하는 사람들이 점차 늘어나길 간절히 바랍니다. 그 한 걸음에 함께 해주셔서 감사합니다.

부록

여행자의 로망 '세계 196개국 체크리스트'

일러두기

– UN 회원국인 193개국에 UN 옵서버 국가인 2개국(바티칸 시티, 팔레스타인), 그리고 대만을 더해 총 196개국의 정보를 담았습니다.

– 여러 시간대를 가진 나라는 '수도'의 시간만 표기했습니다.

– 서머타임을 시행하는 나라는 시간대 옆에 태양 기호를 달아두었습니다.

– 붉은 글씨는 여행금지국가입니다. 예외적 여권사용 허가 없이 불법적으로 해당 국가에 입국 또는 체류할 경우, 여권법 위반으로 1년 이하의 징역이나 1,000만 원 이하의 벌금형에 처해질 수 있습니다.

– 2023년 5월 기준으로 정리된 자료이며, 변동될 가능성이 있습니다. 최신 여행경보 및 비자 정보는 외교부 해외안전여행(www.0404.go.kr)에서 확인하실 수 있습니다.

	국가명	수도	대륙	시간대 (GMT)	서머 타임
☑	대한민국	서울	아시아	+9	·
☐	가나	아크라	아프리카	0	·
☐	감비아	반줄	아프리카	0	·
☐	기니	코나크리	아프리카	0	·
☐	기니비사우	비사우	아프리카	0	·
☐	라이베리아	몬로비아	아프리카	0	·
☐	말리	바마코	아프리카	0	·
☐	모리타니	누악쇼트	아프리카	0	·
☐	부르키나파소	와가두구	아프리카	0	·
☐	상투메 프린시페	상투메	아프리카	0	·
☐	세네갈	다카르	아프리카	0	·
☐	시에라리온	프리타운	아프리카	0	·
☐	아이슬란드	레이캬비크	유럽	0	·
☐	아일랜드	더블린	유럽	0	☀
☐	영국	런던	유럽	0	☀
☐	코트디부아르	야무수크로	아프리카	0	·

☐	토고	로메	아프리카	0	·
☐	포르투갈	리스본	유럽	0	☼
☐	가봉	리브르빌	아프리카	+1	·
☐	나이지리아	아부자	아프리카	+1	·
☐	네덜란드	암스테르담	유럽	+1	☼
☐	노르웨이	오슬로	유럽	+1	☼
☐	니제르	니아메	아프리카	+1	·
☐	덴마크	코펜하겐	유럽	+1	☼
☐	독일	베를린	유럽	+1	☼
☐	룩셈부르크	룩셈부르크	유럽	+1	☼
☐	리히텐슈타인	파두츠	유럽	+1	☼
☐	북마케도니아	스코페	유럽	+1	☼
☐	모나코	모나코	유럽	+1	☼
☐	모로코	라바트	아프리카	+1	☼
☐	몬테네그로	포드고리차	유럽	+1	☼
☐	몰타	발레타	유럽	+1	☼
☐	바티칸	바티칸	유럽	+1	☼
☐	베냉	포르토노보	아프리카	+1	·
☐	벨기에	브뤼셀	유럽	+1	☼
☐	보스니아 헤르체고비나	사라예보	유럽	+1	☼
☐	산마리노	산마리노	유럽	+1	☼
☐	세르비아	베오그라드	유럽	+1	☼
☐	스웨덴	스톡홀룸	유럽	+1	☼
☐	스위스	베른	유럽	+1	☼
☐	스페인	마드리드	유럽	+1	☼
☐	슬로바키아	브라티슬라바	유럽	+1	☼
☐	슬로베니아	류블랴나	유럽	+1	☼
☐	안도라	안도라라베야	유럽	+1	☼
☐	알바니아	티라나	유럽	+1	☼
☐	알제리	알제	아프리카	+1	·
☐	앙골라	루안다	아프리카	+1	·
☐	오스트리아	빈	유럽	+1	☼
☐	이탈리아	로마	유럽	+1	☼
☐	적도 기니	말라보	아프리카	+1	·
☐	중앙아프리카 공화국	방기	아프리카	+1	·

☐	차드	은자메나	아프리카	+1	·
☐	체코	프라하	유럽	+1	☀
☐	카메룬	야운데	아프리카	+1	·
☐	콩고 공화국	브라자빌	아프리카	+1	·
☐	콩고 민주공화국	킨샤사	아프리카	+1	·
☐	크로아티아	자그레브	유럽	+1	☀
☐	튀니지	튀니스	아프리카	+1	·
☐	폴란드	바르샤바	유럽	+1	☀
☐	프랑스	파리	유럽	+1	☀
☐	헝가리	부다페스트	유럽	+1	☀
☐	그리스	아테네	유럽	+2	☀
☐	나미비아	빈트후크	아프리카	+2	·
☐	남아프리카 공화국	케이프타운(입법 수도)	아프리카	+2	·
☐	라트비아	리가	유럽	+2	☀
☐	레바논	베이루트	아시아	+2	☀
☐	레소토	마세루	아프리카	+2	·
☐	루마니아	부쿠레슈티	유럽	+2	☀
☐	르완다	키갈리	아프리카	+2	·
☒	리비아	트리폴리	아프리카	+2	·
☐	리투아니아	빌뉴스	유럽	+2	☀
☐	말라위	릴롱궤	아프리카	+2	·
☐	모잠비크	마푸토	아프리카	+2	·
☐	몰도바	키시너우	유럽	+2	☀
☐	벨라루스	민스크	유럽	+2	·
☐	보츠와나	가보로네	아프리카	+2	·
☐	브룬디	부줌부라	아프리카	+2	·
☐	불가리아	소피아	유럽	+2	☀
☒	수단	하르툼	아프리카	+2	·
☐	에스와티니	음바바네	아프리카	+2	·
☒	시리아	다마스쿠스	아시아	+2	☀
☐	에스토니아	탈린	유럽	+2	☀
☐	요르단	암만	아시아	+2	☀
☒	우크라이나	키이우	유럽	+2	☀
☐	이스라엘	예루살렘	아시아	+2	☀
☐	이집트	카이로	아프리카/아시아	+2	·
☐	잠비아	루사카	아프리카	+2	·
☐	짐바브웨	하라레	아프리카	+2	·

☐	키프로스	니코시아	유럽	+2	☀
☐	팔레스타인	라말라	아시아	+2	☀
☐	핀란드	헬싱키	유럽	+2	☀
☐	남수단	주바	아시아	+3	·
☐	러시아	모스크바	유럽/아시아	+3	·
☐	마다가스카르	안타나나리보	아프리카	+3	·
☐	바레인	마나마	아시아	+3	·
☐	사우디아라비아	리야드	아시아	+3	·
☒	소말리아	모가디슈	아프리카	+3	·
☐	에리트레아	아스마라	아프리카	+3	·
☐	에티오피아	아디스아바바	아프리카	+3	·
☒	예멘	사나	아시아	+3	·
☐	우간다	캄팔라	아프리카	+3	·
☒	이라크	바그다드	아시아	+3	·
☐	지부티	지부티	아프리카	+3	·
☐	카타르	도하	아시아	+3	·
☐	케냐	나이로비	아프리카	+3	·
☐	코모로	모로니	아프리카	+3	·
☐	쿠웨이트	쿠웨이트	아시아	+3	·
☐	탄자니아	도도마	아프리카	+3	·
☐	튀르키예	앙카라	아시아/유럽	+3	·
☐	이란	테헤란	아시아	+3:30	☀
☐	모리셔스	포트루이스	아프리카	+4	·
☐	세이셸	빅토리아	아프리카	+4	·
☐	아랍에미리트	아부다비	아시아	+4	·
☐	아르메니아	예레반	아시아	+4	·
☐	아제르바이잔	바쿠	아시아	+4	·
☐	오만	무스카트	아시아	+4	·
☐	조지아	트빌리시	아시아	+4	·
☒	아프가니스탄	카불	아시아	+4:30	·
☐	몰디브	말레	아시아	+5	·
☐	우즈베키스탄	타슈켄트	아시아	+5	·
☐	타지키스탄	두산베	아시아	+5	·
☐	투르크메니스탄	아시가바트	아시아	+5	·
☐	파키스탄	이슬라마바드	아시아	+5	·
☐	스리랑카	스리자야와르데네푸라코테	아시아	+5:30	·
☐	인도	뉴델리	아시아	+5:30	·

☐	네팔	카트만두	이사아	+5:45	·
☐	방글라데시	다카	아시아	+6	·
☐	부탄	팀부	아시아	+6	·
☐	카자흐스탄	누르술탄	아시아/유럽	+6	·
☐	키르기스스탄	비슈케크	아시아	+6	·
☐	미얀마	네피도	아시아	+6:30	·
☐	라오스	비엔티안	아시아	+7	·
☐	베트남	하노이	아시아	+7	·
☐	인도네시아	자카르타	아시아/오세아니아	+7	·
☐	캄보디아	프놈펜	아시아	+7	·
☐	태국	방콕	아시아	+7	·
☐	대만	타이베이	아시아	+9	·
☐	말레이시아	쿠알라룸푸르	아시아	+9	·
☐	몽골	울란바토르	아시아	+9	·
☐	브루나이	반다르스리브가완	아시아	+9	·
☐	싱가포르	싱가포르	아시아	+9	·
☐	중국	베이징	아시아	+9	·
☐	필리핀*	마닐라	아시아	+8	·
☐	동티모르	딜리	아시아	+9	·
☐	일본	도쿄	아시아	+9	·
☒	조선민주주의 인민공화국**	평양	아시아	+9	
☐	팔라우	응게룰무드	오세아니아	+9	·
☐	미크로네시아 연방	팔리키르	오세아니아	+10	·
☐	파푸아뉴기니	포트모르즈비	오세아니아	+10	·
☐	호주	캔버라	오세아니아	+10	☼
☐	바누아투	포트빌라	오세아니아	+11	·
☐	솔로몬 제도	호니아라	오세아니아	+11	·
☐	나우루	야렌	오세아니아	+12	·
☐	마셜 제도	마주로	오세아니아	+12	·
☐	키리바시	타라와	오세아니아	+12	·
☐	투발루	푸나푸티	오세아니아	+12	·
☐	피지	수바	오세아니아	+12	☼
☐	뉴질랜드	웰링턴	오세아니아	+13	☼
☐	통가	누쿠알로파	오세아니아	+13	·
☐	사모아	아피아	오세아니아	+14	☼
☐	멕시코	멕시코시티	북아메리카	−8	☼
☐	과테말라	과테말라	북아메리카	−6	·

☐	니카라과	마나과	북아메리카	−6	·
☐	벨리즈	벨모판	북아메리카	−6	·
☐	엘살바도르	산살바도르	북아메리카	−6	·
☐	온두라스	테구시갈파	북아메리카	−6	·
☐	코스타리카	산호세	북아메리카	−6	·
☐	미국	워싱턴 D.C	북아메리카	−5	☀
☐	바하마	나소	북아메리카	−5	☀
☐	아이티	포르토프랭스	북아메리카	−5	☀
☐	에콰도르	키토	남아메리카	−5	·
☐	자메이카	킹스턴	북아메리카	−5	·
☐	캐나다	오타와	북아메리카	−5	☀
☐	콜롬비아	보고타	남아메리카	−5	·
☐	쿠바	아바나	북아메리카	−5	☀
☐	파나마	파나마	북아메리카	−5	·
☐	페루	리마	남아메리카	−5	·
☐	가이아나	조지타운	남아메리카	−4	·
☐	그레나다	세인트조지스	북아메리카	−4	·
☐	도미니카 공화국	산토도밍고	북아메리카	−4	·
☐	도미니카 연방	로조	북아메리카	−4	·
☐	바베이도스	브리지타운	북아메리카	−4	·
☐	베네수엘라	카라카스	남아메리카	−4	·
☐	볼리비아	라파스	남아메리카	−4	·
☐	세인트루시아	캐스트리스	북아메리카	−4	·
☐	세인트빈센트 그레나딘	킹스타운	북아메리카	−4	·
☐	세인트키츠 네비스	바스테르	북아메리카	−4	·
☐	앤티가 바부다	세인트존스	북아메리카	−4	·
☐	트리니다드 토바고	포트오브스페인	북아메리카	−4	·
☐	브라질	브라질리아	남아메리카	−3	·
☐	수리남	파라마리보	남아메리카	−3	·
☐	아르헨티나	부에노스아이레스	남아메리카	−3	·
☐	우루과이	몬테비데오	남아메리카	−3	·
☐	칠레	산티아고	남아메리카	−3	☀
☐	파라과이	아순시온	남아메리카	−3	☀
☐	카보베르데	프라이아	아프리카	−1	·

· 필리핀 일부 지역은 여행금지 구역입니다.
·· 대한민국 헌법에서는 국가로 인정하지 않으며 함부로 여행할 수 없는 곳이므로 여행금지국가로 표기했습니다.

지리 덕후가 떠먹여주는
풀코스 세계지리

초판 1쇄 발행 2020년 3월 20일
개정판 1쇄 발행 2023년 7월 14일
개정판 2쇄 발행 2023년 10월 31일

지은이 서지선
발행인 채종준

출판총괄 박능원
책임편집 유나
디자인 김예리
마케팅 문선영 · 전예리
전자책 정담자리
국제업무 채보라

브랜드 크루
주소 경기도 파주시 회동길 230(문발동)
투고문의 ksibook13@kstudy.com

발행처 한국학술정보(주)
출판신고 2003년 9월 25일 제406-2003-000012호
인쇄 북토리

ISBN 979-11-6983-458-2 03980

크루는 한국학술정보(주)의 자기계발, 취미 등 실용도서 출판 브랜드입니다.
크고 넓은 세상의 이로운 정보를 모아 독자와 나눈다는 의미를 담았습니다.
오늘보다 내일 한 발짝 더 나아갈 수 있도록, 삶의 원동력이 되는 책을 만들고자 합니다.